UG NX 中文版
三维电气布线设计

•••• 易祺兵◎著 ••••

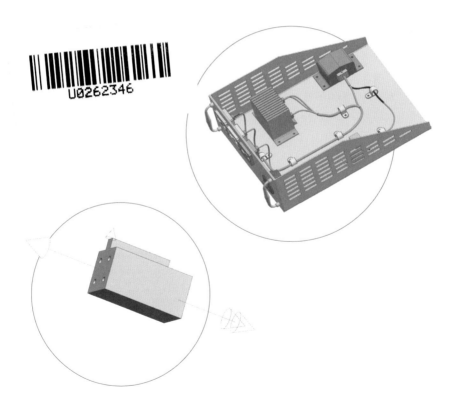

U0262346

人民邮电出版社
北 京

图书在版编目（CIP）数据

UG NX中文版三维电气布线设计 / 易祺兵著. —— 北京：人民邮电出版社，2022.4
ISBN 978-7-115-57885-3

Ⅰ．①U… Ⅱ．①易… Ⅲ．①多层布线—计算机辅助设计—应用软件 Ⅳ．①TN405.97-39

中国版本图书馆CIP数据核字(2021)第229974号

内 容 提 要

三维电气布线是电子设备线束设计发展的必然趋势。西门子工业软件公司旗下的 NX CAD 作为电子设备线束设计领域的优秀代表，依据其自身强大的三维产品设计能力，能快速、准确地实现三维线束设计和二维工程出图功能。

本书结合工程实际，详细地讲解了 NX CAD 三维电气布线技术及其软件的操作流程，主要包括电气部件的审核定义、部件的装配与布置、线束路径的布置、电气数据的创建与使用、组件指派与线束生成、成形板的创建与工程出图和工程案例的应用等。

本书可作为电子设备科研院所、企事业单位的设计和工艺人员学习三维电气布线的参考书，同时，也可以作为高职院校相关专业的教材。

◆ 著　　　　易祺兵
责任编辑　李永涛
责任印制　王　郁　胡　南

◆ 人民邮电出版社出版发行　　北京市丰台区成寿寺路 11 号
邮编　100164　电子邮件　315@ptpress.com.cn
网址　https://www.ptpress.com.cn
北京瑞禾彩色印刷有限公司印刷

◆ 开本：700×1000　1/16
印张：16.5　　　　　　　2022 年 4 月第 1 版
字数：250 千字　　　　　2022 年 4 月北京第 1 次印刷

定价：89.90 元

读者服务热线：(010)81055410　印装质量热线：(010)81055316
反盗版热线：(010)81055315
广告经营许可证：京东市监广登字 20170147 号

序

随着科技的飞速发展，人们对电子设备整机的轻型化、小型化、模块化、多功能化等的要求越来越高。这样一来，电子设备内部更为紧凑、允许线缆通过的空间越来越小，而线缆连接越来越多且多根线缆相互交叉呈网状分布，再加上一些线缆有电磁兼容等特殊要求，使布线设计工作面临着前所未有的巨大挑战。

近些年来，越来越多的企业将研发、销售、供应链、制造和售后服务等实现网上（云）协同，线束设计作为电气设备研发设计的关键环节也需要与其他环节一样，实现网上（云）协同设计。

面对严峻的形势，三维电气布线软件（模块）借助三维建模设计的优势，从原理样机设计之初就可以进行线束设计，并且实时指导样机的整体布局和细节结构设计。这在很大程度上解决了线束设计面临的难题，使得三维电气布线成为线束设计的必然趋势。

虽然主流三维设计软件都具有三维电气布线的功能，整体上都能解决一些工程问题，但是各自的功能和用户体验却大不相同。NX CAD作为应用最为广泛的三维设计软件，其布线模块具有与结构设计有机融合，三维设计环境和二维工程图生成环境互相关联，三维布线设计规则规范、丰富，自动生成所有的制作信息等功能，并且其操作界面清晰明了，能快速实现准确布线功能。

NX CAD三维布线模块具备快速、准确实现三维布线的功能，不过由于需要通过较为烦琐的操作才能实现电气线束的三维设计和二维出图，再加上市面上和网络上几乎没有NX CAD三维电气布线相关的中文资料，因此设计人员不易掌握该布线技术，这在很大程度上制约了NX CAD三维布线技术的推广与发展。

为此，我们急切盼望有一本专门讲解NX CAD三维布线技术的书。本书结合工程实际，辅以大量软件截图深入地讲解了NX CAD三维电气布线技术及其软件的操作流程，包含了三维电气布线整个流程的所有知识点，是NX CAD三维布线技术的专业书。

本书作者从事航天产品设计工作8年有余，并在完成多个型号任务时，利用三维电气布线技术解决了复杂系统中线束相互缠绕、过长过短等固有问题，取得了较好的效果。另外，作者在业余时间还担任沐风、优酷、腾讯和北京中际瑞通等网站和机构的"三维电气布线"的兼职讲师，培训过的学员涵盖航空航天、船舶、客车、汽车、电动摩托、机器人、智能制造、通用机械、高科技电子等行业。他深刻体会到，任何一名电气系统或电气设备的研制人员都应该掌握一种三维电气布线技术，这样才能很大程度地缩短研制周期并设计出更好的产品。

作者在2018年第一次接触到NX CAD三维电气布线技术时，就对它独特适用的功能深深着迷。当时他手里仅有一份英文资料（线上线下没有任何有用的资料），但因为英文不太好，加之专业词汇的晦涩难懂，他花了近两年时间才基本掌握电气布线的精髓。他经常向我提起一些对三维布线研究、学习时的点点滴滴，他说："忘不了多少个深夜，因为弄懂了一个关键技术的知识点而发疯似地狂笑；忘不了多少个布线学员，因为我的帮助而解决了实际问题……"从他的话语中我感受到，他不仅结合工程实际在研究布线软件，而且把推广三维电气布线技术作为了自己的一项社会责任。

最后，我郑重地向各电子设备科研院所和企事业单位的工程技术人员及高职院校机械、电气类专业的师生们推荐这本专业书，希望本书能够帮助大家更好地认识三维电气布线技术并利用该技术缩短研制周期，设计制造出更多、更好的产品。

梁乃明

西门子工业软件全球高级副总裁兼大中华区董事总经理

2021年3月30日

前　言

目前在电子设备的研制和批量生产中，线缆的装配连接主要有两种方式，一是由装配工人在样机现场量取尺寸，然后下料，再根据实物量体制作。这种方式受限于空间，盲目性很大、主观随意性强，而且容易造成人力和物力的极大浪费。二是设计或工艺人员以三维数字样机甚至二维图纸为基础，根据线缆走向对其进行大致测量后得到一个理论长度，然后适度增加余量得出最终长度再输出图纸，工人依据图纸进行加工生产和装配。这两种传统的布线技术极大地制约了我们对电子设备的快速研制能力。

近年来，主流三维设计软件公司各自开发了专门的布线模块，其模块可以在很大程度上解决线束设计面临的难题。越来越多的设计工程师开始利用布线模块进行产品设计，并取得了较好的效果。因此，利用三维布线模块进行线束设计逐渐成为一种趋势。

NX CAD作为一款强大的三维工程软件，虽然其布线模块Routing Electrical能快速、准确地实现三维电气布线，但是由于该模块操作烦琐，导致其三维布线技术不易被掌握。而且，市面上关于NX CAD的书籍大多侧重于二维草图、三维建模、工程出图、模具设计、钣金设计和数控加工等方面，涉及NX CAD三维布线技术的书籍极少。这在很大程度上制约了NX CAD三维布线技术的推广与发展。

为此，本书依据"工业4.0"对电气类设备研发生产的要求，以推广三维布线技术为初衷，以应用较为广泛的NX CAD软件为例，在Windows 10操作系统环境下，将软件的详细操作和工程的实际应用相结合，系统地讲解了三维电气布线技术。

本书一共分为9章，具体内容如下。

- 第1章为NX CAD三维电气布线概述，大致讲解了布线模块的界面、布线关键术语和布线的一般流程。
- 第2章为电气部件审核定义，详细讲解了审核定义中常见的术语及各类电气部件的审核定义。

- 第3章为部件的装配与布置，大致讲解了零部件的装配，详细讲解了电气部件的各种布置操作。
- 第4章为线束路径的布置，详细讲解了路径布置的各种方法。
- 第5章为电气数据的使用与自建，详细讲解了电气数据的显示格式、导入导出，以及利用连接向导、记事本和电子表格创建电气数据。
- 第6章为组件指派与线束生成，详细讲解了组件的自动和手工两种指派方法、管线的自动和手工两种布置方法，还讲解了电气连接信息的校对。
- 第7章为型材的使用与创建，详细讲解了空间预留型材、护套型材和填料型材的使用，另外还讲解了型材的单独编辑方法。
- 第8章为成形板的创建与工程出图，详细讲解了关键操作的复查、成形板的创建与修改调整、二维线缆图的绘制。
- 第9章为工程应用探究，讲解了简单线缆、可变形线缆和线缆网的设计，另外还讲解了箱式设备、柜式设备和复杂系统的三维电气布线操作要领。

本书在编写过程中力求将案例与工程实际相结合，并对关键操作步骤给出了较为详细的操作流程图解。由于NX CAD三维电气布线模块涉及很多电气知识点，书中各操作流程输入的电气专业性内容仅作示范性操作。本书所使用的绝大部分素材为作者本人自行想象设计——不涉及作者实际工作内容，另外少许素材来自互联网三维模型的下载及NX CAD布线模块的帮助文件，在这里对素材提供者表示感谢。

由于时间仓促，加之软件操作与工程实际运用有一定的差别，并且笔者水平有限，因此，书中的错误和不足之处在所难免，希望广大读者给予指正。

易祺兵

2021年3月

目 录

第1章
NX CAD三维电气布线概述

科技的发展为电子机械类提供了强有力的保障。一个完整的电气系统包括很多复杂的电气元器件，小到日常生活用品，大到汽车、轮船、飞机，而且随着科技的逐渐强大，内部元器件的电气关系和信号交联也越来越复杂。电子元器件之间的电气关系和信号交联大多通过导线进行连接，而导线如何布置就涉及了电气系统的布线技术。

在电子设备设计中，内部各功能模块（单机）连接电缆组件一般根据整机实体的装配情况及个人的经验进行设计，过程中又依据工艺布线的原则和整机实体的具体情况来不断纠正连接不合理的布线，最终实现整机电缆组件（线束）的布置。

这种设计方式存在以下几方面的问题。首先，线缆设计与电子设备结构的数字样机设计相脱节，没有很好地利用三维设计软件提供的线缆设计功能。其次，由于线缆二维工程图与数字样机没有直接关联，而是根据三维模型进行简单走向设计或粗略的估算，这就造成线缆的实际设计中各个参数受人为因素影响比较大，从而造成电缆产品设计的准确性较差，甚至出现与设备或机体干涉的问题。最后，由于线缆设计必须以实体模型为基础，因此在生产节点上必然放在整个产品的最后一环，导致产品的开发周期延长，相关人员也无法对产品设计中产生的变动迅速做出反应。

另外，随着信息技术的发展和工业生产的实际要求，各企业单位需要通过智能网络将设备、生产线、工厂、供应商、产品和客户紧密地联系在一起，使人与人、人与机器、机器与机器以及服务与服务之间，能够产成互联，即将产品数据、设备数据、研发数据、工业链数据、运营数据、管理数据、销售数据、消费者数据实现高度集成与互相关联。线束作为产品的重要组成部分，其各类数据也必须与设备其他部分的数据进行协同交换并集成，与其他数据实现互相关联。

综上所述，为了弥补传统线缆设计方法的缺陷和满足电子设备发展的新需求，在结构设计实现了数字样机设计的基础上，实现线缆组件的数字样机设计势在必行。

在三维设计领域应用较多的NX CAD、Creo和CATIA等大型软件都含有三维线缆设计模块。NX CAD布线模块Routing Electrical（后续简称布线模块）具有与结构设计有机融合、三维设计和二维工程图互相关联、三维布线设计规则与实际需求相符、自动生成所有制作的信息等功能，能实现快速、准确地进行三维电气布线和二维出图的功能，并且与目前主流协同系统——Teamcenter实现无缝连接，备受广大用户欢迎。

1.1 NX CAD软件与实施

1.1.1 NX CAD软件简介

NX CAD是Siemens PLM Software公司（前身为Unigraphics NX，以下简称为西门子软件公司）提供的计算机辅助设计、分析、制造的一体化、数字化的研发软件，是业界唯一能够处理产品设计、开发过程中各种问题的软件，从概念构思到制造的所有环节，包括工业造型设计、包装设计、机械设计、机电设计、机械仿真、机电仿真、工装夹具和模具、机械加工、工程流程管理等，NX CAD提供了完全集成的流程自动化工具套件，从而促进整个产品的开发流程。

NX CAD的最新版本构建在西门子软件公司的全息PLM技术框架之上，提供可视程度更高的信息及分析，从而加快协同和决策进程，提高整个产品开发过程中的生产效率。通过设计、仿真、制造的最新工具与扩展功能，可帮助用户开发出更具创新性的产品。

NX CAD是一款交互式CAD/CAM（计算机辅助设计与计算机辅助制造）软件，它功能强大，可以轻松实现各种复杂实体及造型的建构。突出优势主要具有以下几种。

（1）更为全面、强大的产品开发工具集。包括面向概念设计、三维建模和文档的高级解决方案，面向结构、运动、热学、流体、多物理场和优化等应用领域的多学科仿真，面向工装、加工和质量检测的完整零件制造解决方案。

（2）完全集成的产品开发。NX CAD将面向各种开发任务的工具都集中到一个统一的解决方案中，所有技术领域均可同步使用相同的产品模型数据。借助无缝集成，可以实现在所有开发部门之间快速传递信息和变更流程。NX CAD利用Teamcenter软件［西门子软件公司推出的一款的协同产品开发管理（CPDM）的软件］来建立单一的产品和流程知识源，以协调开发工作的各个阶段，实现流程标准化，加快决策进程。

（3）卓越的工作效率。NX CAD使用高性能工具和尖端技术来解决极其复杂的问题。NX CAD设计工具可轻松处理复杂的几何图形和大型装配体。NX CAD中的高级仿真功能可解决要求极为苛刻的CAE难题，大幅减少制作实物原型的数量。此外，还可以充分利用NX CAD最先进的工装与加工技术来促进制造工作。

NX CAD作为西门子软件公司的一款工程软件已广泛应用于航空航天、汽车、船舶、通用机械、工业设备、医疗器械和电子等领域，其中布线模块专门用于线束设计。该模块用于线束设计时，是以整体设备的三维模型为基础，通过定义电气连接器、绘制布线路径、设计部件列表与接线列表、创建成形板、工程出图等环节，最终达到指导线束生产制作和装配的目的。

图1-1所示为研制某型号的大型客机时，使用电气布线模块进行三维线束设

图1-1　布线模块的工程应用案例

计的典型案例。

1.1.2 软件实施

作为世界上一家大型的工业技术公司和世界领先的自动化的工业软件提供商，西门子软件公司如今已经在整合产品生命周期和生产生命周期范围、实现研发与生产的全面优化等方面打下了坚实基础。西门子软件公司拥有世界上最齐全、应用最为广泛的"数字化企业软件套件"，涵盖数字化设计、仿真、试验、制造和执行软件，在全球拥有700多万用户。

笔者单位的PLM系统，由业界享有盛誉的西安仁德智融信息技术有限公司（原北京华天海峰科技股份有限公司PLM团队）开发，目前各类工作全部在PLM系统线上进行，极大程度地优化了各类流程，促进了单位的发展。

1.1.3 软件培训

随着科技的日新月异，软件技术越来越强大，人们要想快速进入某个行业并掌握相关技术，需要高质量的学习和业内专业导师的指导。

北京中际瑞通科技有限公司作为专业的咨询和培训公司，其组织的技术咨询、技术服务、技术培训等业务在业界享有极高赞誉，特别是该公司联合各行各业技术带头人、杰出工程师一起开展结构类、电气类和软件类等专业知识培训，精准提高了人员的业务素质，为客户实现新的跨越式发展提供了有力保障。

沐风网作为国内专业的机械科技类教育平台之一，除了为学员提供了海量的图文资料、工程模型，还设有极具特色的在线培训课程。值得一提的是，笔者联合该机构在其"沐风课堂"板块推出的"UG NX三维电气布线技术高级视频课程（诗远·预备跑）"，依托该平台提供的一对一指导服务，受到了广大学员的一致好评。如果您想深入学习NX CAD布线或者其他工程技术，"沐风课堂"是一个不错的选择。

1.2 NX CAD中英文双启动

由于三维布线是一个专业性极强的工程技术，导致NX CAD布线模块极个别地方的翻译较为生涩，使初学者难以理解。为了更好地掌握NX CAD布线技术，将NX CAD做成中英文双启动版能有效提高学习和工作效率，还可以验证某些关键环节是否操作有误。

用户在安装NX CAD软件时，一般默认为安装中文版，下面主要讲解一下NX CAD英文版的两种启动方法。

1.2.1　直接修改NX CAD语言环境变量

用鼠标右键单击"我的电脑"图标，在弹出的菜单中选择"属性"命令，将"UGII_LANG"环境变量由"simpl_chinese"更改为"english"，如图1-2所示。

图1-2　修改NX CAD语言环境变量

修改语言环境变量后，即可启动NX CAD软件，如图1-3所示。

这种方法操作简单，可以直接启动NX CAD英文界面，在下次重启软件时，还是保持英文界面。如果要启动中文界面，可按照上述步骤再将"UGII_LANG"环境变量由"english"更改为"simpl_chinese"。如果需要经常更换操作界面，这种方法就不能满足快速调整的需求了。

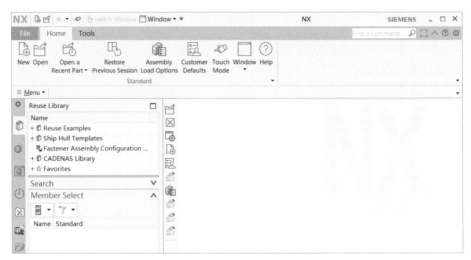

图1-3　NX CAD英文启动界面

1.2.2　设置英文启动快捷方式

下面以软件版本为NX1872且安装路径为"D:\Program Files\Siemens"为例，讲解英文启动快捷方式的建立。

（1）新建一个TXT文本文件并命名为"eg1872.txt"，打开并输入以下两行字符。输入后屏幕如图1-4所示。

set ugii_lang=english

"D:\Program Files\Siemens\NX1872\NXBIN\ugraf.exe"

图1-4　新建TXT文件

根据上述字符内容，很容易注意到两点。一是设置了环境变量，二是映射到NX CAD安装路径下具体的NX CAD启动执行程序"ugraf.exe"。因此，对于不同软件安装的版本，依据上述TXT字符进行相应调整即可，如安装的是NX 11.0版本，则输入以下两行字符。

set ugii_lang=english

"D:\Program Files\Siemens\NX 11.0\UGII\ugraf.exe"

（2）将新建的TXT文件后缀名由".txt"改为".bat"，单击"是"按钮，如图1-5所示。

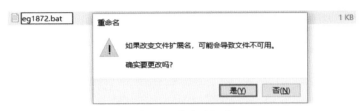

图1-5　更改后缀名

双击该BAT文件，就可以使用英文启动界面。

（3）为了便于文件管理，防止文件被误删，将该BAT文件复制并粘贴到软件的安装路径下，然后将其发送到桌面快捷方式，如图1-6所示。

图1-6　发送到桌面快捷方式

（4）更改英文启动快捷方式的名称，比如更改为"NX英文版"。

（5）更改启动方式的图标。

　　右键单击该启动快捷方式，选择"属性"，然后单击"更改图标"按钮，按图1-7所示进行操作即可更改快捷方式图标。此外，用户也可以根据自己的喜好设置其他非NX CAD安装路径下的快捷方式图标。

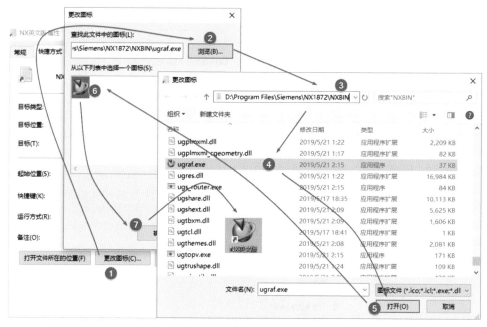

图1-7　更改快捷方式图标

　　双击桌面新建的快捷方式即可启动NX CAD英文版。为了便于中英文启动的快速转换，可以按照上述操作流程，将TXT文本中的"english"更改为"simpl_chinese"，即可设置成中文启动的快捷方式，这里不再赘述。

　　建议需要启动NX CAD英文界面的读者采用这种快捷方式。这种方式只需一次设置，就可以随意启动英文版或中文版。

1.3　NX CAD布线模块的初步认识

　　NX CAD布线模块与机械结构设计有机融合，并且其操作界面友好，可与目前主流的PLM系统——Teamcenter实现无缝连接。在进行原理样机设计时同步开展三维线束设计，省去协调步骤，极大地缩短了研发周期，备受广大用户欢迎。NX CAD布线模块实现了电气连接数据的功能，逻辑设计的电气连接数据直接导入布线模块便可以进行使用；布线模块创建的三维模型逼真，还可以显示端子连接细节信息；二维钉板图可以自动生成线束生产的各要素的明细表。

1.3.1 NX CAD布线模块启动界面

启动NX1872（本书以NX1872版本为例讲解布线技术，后续有时简称为NX）。

（1）双击启动NX CAD，新建"实例"文件，操作流程如图1-8所示。

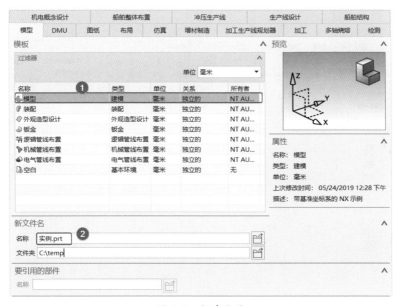

图1-8 新建文件

（2）开启布线模块。三维电气布线用到的功能选项为"电气管线布置"下的"线束"和"电缆"，开启后单击"电气管线布置" 命令，即可启动布线模块，如图1-9所示。

启动布线模块后的界面如图1-10所示。

注意，一般的布线操作都在布线模块中完成，需要转换模块时在"应用模块"中进行转换。

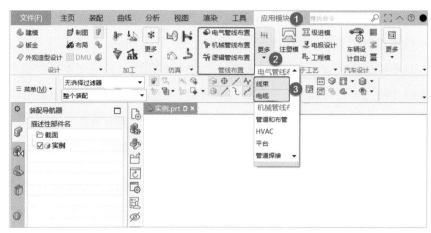

图1-9　开启功能选项

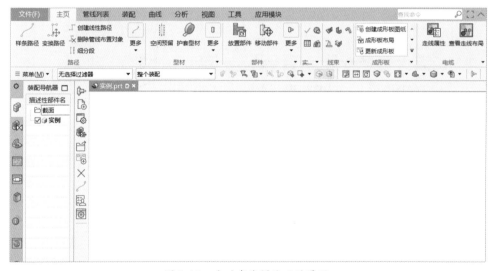

图1-10　启动布线模块后的界面

1.3.2　NX CAD三维布线常见设置

NX CAD三维布线有很多常用设置，部分介绍如下。

1. 引用集的设置

"引用集" 是NX CAD中用来控制每个组件的加载和查看组件装配数据量的工具。引用集包含下列数据：零部件名称、原点、方向、几何体、坐标系、基准轴、基准平面和属性等。一个零部件可以有多个引用集。引用集一旦产生，就可以单独装配到部件中。对于不需要查看或操作的装配组件、几何等，可选择排除所有非关键数据的引用集。

在NX CAD中常见的三种引用集是：整个部件（Entire Part）、空集（Empty）和模型（MODEL）。

- 整个部件（Entire Part）——包含所有几何数据。
- 空集（Empty）——不包含任何几何对象。
- 模型（MODEL）——只显示实体和片体，忽略几何构造体。

（1）在"文件"菜单中选中"格式"，展开后选中"引用集"，即可调用该命令，如图1-11所示。

（2）在引用集列表框中可以查看该工作部件所有的引用集。常见的引用集如图1-12所示。

图1-11 "引用集"命令的调用

图1-12 常见的引用集

下面以"33芯端子"为例，讲解一下添加新的引用集的方法。

（1）打开该文件，调出"引用集"命令，然后在"引用集名称"输入框中输入新的引用集的名称，单击"添加新的引用集"按钮，再在引用集列表框中找到新增引用集，然后选取需要增加的特征对象。操作流程如图1-13所示。

（2）替换引用集。新建一个文件，将"33芯端子"放置进来，在装配导航器中右键单击该组件，替换不同的引用集，如图1-14所示。

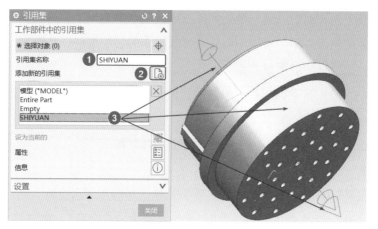

图 1-13 新建引用集

图 1-14 替换引用集

（3）调整引用集为整个部件（Entire Part），显示图如图 1-15 所示。

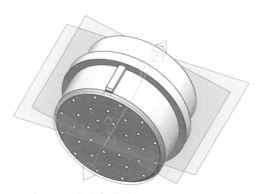

图 1-15 整个部件（Entire Part）引用集

（4）调整引用集为模型（MODEL），显示图如图1-16所示。

（5）调整引用集为新的引用集，显示图如图1-17所示。

图1-16 模型（MODEL）引用集

图1-17 新引用集

2. 显示设置

NX CAD三维布线中端口和控制点是非常重要的。下面讲解一下显示设置，以便读者根据需要设置端口和控制点的隐藏或显示。

用户默认设置。单击"文件"主菜单，单击"实用工具"命令，展开后单击"用户默认设置"，在"用户默认设置"里单击"管线布置"，展开后单击"常规"，再单击"显示"即可编辑。操作流程如图1-18所示。

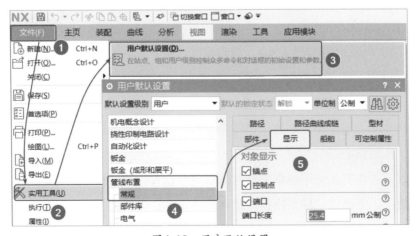

图1-18 用户默认设置

修改用户默认设置后，将在软件重启后生效。

除了用户默认设置之外，还有一种设置方法——修改首选项。激活布线模块后，单击"文件"主菜单，单击"首选项"命令，展开后单击"管线布置"再单击"显示"即可设置管线布置的显示等信息，操作流程如图1-19所示。首选项的设置只在当前有效，重启软件后原首选项更改项目不会保留。

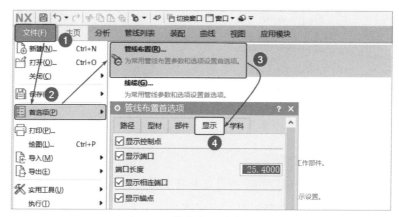

图 1-19　管线布置首选项设置

运用NX CAD进行三维电气布线时，除了用到布线模块相关的显示设置外，还会用到该软件的一些通用设置，比如设置部件的颜色、视图样式等。这些操作请参考NX CAD其他书籍的相关内容。

3. 选择过滤器的设置

很多初学者在使用NX CAD三维布线时，经常选取不了需要的端口或者控制点，便误以为是软件的问题。事实上，大多时候是没有设置好选择过滤器。NX CAD三维电气布线经常用到两类选择过滤器：一类是上边框条中的选择过滤器，如图1-20所示；另一类是在使用操作命令框中指定点时的过滤设置（可以选取某一类点，比如圆心点）。

建议读者在实际使用过程中对过滤器进行设置，开启和关闭捕捉功能，以提高工作效率。下面以"样条路径"建立时的指定点为例，查看选择点时的指定方法。图1-21中显示了所有点的指定方法。

在布线路径规划时经常用到点的指定，可以选择合适的、高效的指定方法。另外，在布线时，除了用到点的指定，还会用到矢量的指定。

图1-20 上边框条中的选择过滤器

图1-21 点的指定方法

1.3.3 NX CAD布线技术的一些关键术语

学习布线技术之前，先大致了解一些常用的关键术语。

- 控制点Routing Control Points（RCPs），线束布线时的走向曲线上的点，该点影响路径的走向，图1-22中序号对应的点都是控制点。

- 驱动曲线Drive Curves，连接控制点的曲线称为驱动曲线。

- 走向Routing，驱动曲线连接所有的控制点后即称为走向。

- 路径Path，一般含三个及以上控制点的驱动曲线称为路径，比如图1-22中3、4、5之间的曲线线段。

- 分段 Segment，两个控制点连接起来的驱动曲线称为分段。
- 端口 Port，布线过程中不同要素间起连接作用的带箭头的点。
- 型材 Stock，包含空间预留型材、护套型材和填料型材。
- 电气部件 Routing Objects，零部件或连接器在审核定义后具有布线模块能识别的布线过程中所需的端口等要素，即可称之为部件。图1-22中审核定义过的 DB9 连接器即为电气部件。
- 线材 Type，电线材料。

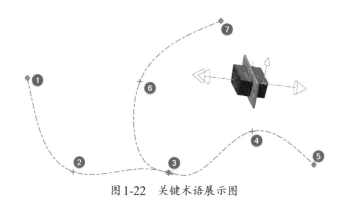

图 1-22　关键术语展示图

1.3.4　NX CAD 布线的一般流程

NX CAD 布线的一般流程如下。

（1）建立三维模型。

（2）创建电气连接和组件列表。根据电气原理图创建并输出电气连接数据。

（3）审核定义部件。审核定义零部件或连接器，使之在审核定义后具有布线模块能识别的布线过程中所需的端口等要素。

（4）装配和放置。装配好结构件后将审核定义好的部件（主要是设备，即线缆上不包含的部件，如电源模块）放置到装配组件中。

（5）为线束组件创建一个新的子组件（子装配部件）。

（6）将其余部件（线缆中含有的插头、接线端子等）放置到线束组件中，并将审核定义好的端口 WAVE 链接到线束组件中。

（7）手动将连接设备审核定义的端口 WAVE 链接到线束组件中。

（8）绘制线束走向路径曲线。

（9）将现有的电气数据导入线束子装配组件中。

（10）指派组件。

（11）手工或自动布置电线。

（12）如果需要，可以创建终端电线明细。

（13）增加线束护套。

（14）分析电线与设备连接关系的正确性。

（15）分析线束通过性。

（16）输出电气连接关系并与电气原理图进行校对与修正。

（17）创建成形板。

（18）创建二维图纸，并完善必要的注释和说明。

1.4　小结

很多初学者在学习布线之初都会面临这样或那样的问题，有些是软件的问题，有些是自己设置的问题。参照本章讲解的NX CAD中英文双启动的设置方法，设置一种英文启动方式。这样在遇到问题时，用英文版打开看看，可以在很大程度上帮助判定软件报错的原因。

另外在学习布线之初，还应该熟悉NX CAD三维软件的一些基本操作。

第2章
电气部件审核定义

2.1 电气部件的类别

三维电气布线的最终目的是布置线缆走向，生成工程需要的线扎图，必要时根据工艺技术要求指导工人准确敷设线缆——穿过和固定在相应位置。图2-1所示为电子设备的电气部件，包含设备或元器件部件、连接器部件、端子部件等多种电气部件。

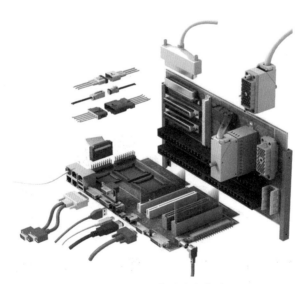

图2-1　电子设备的电气部件

端口类型分为连接件、固定件和多个。

- 连接件为部件与部件或部件与电线起连接作用的端口，其作为电线连接端口使用时与多端口相对应。
- 固定件为定义起固定线束作用的端口，注意根据需要设置型材偏置。

- 多个端口为多线连接，如果创建端子名称后，不继续定义具体引脚信息，则此时的多端口为虚拟端口。如果在布线时需要创建终端详细信息，就必须指派完整的引脚端子信息。在指派端子信息时，还需要注意模型部件引脚号与实际情况一致。

2.1.1 设备部件

设备部件是指有接线需求的各种大小、各种功能的设备、器件等。布线需求的不同导致部件的定义范围也不同。比如，在大型的厂房里布置机床的动力线缆，那么此时机床可以作为一个设备；对机床内部进行三维布线，那么机床的控制箱可以作为一个设备；对机床的控制箱内部布线，那么内部的控制器可以作为一个设备。

综上所述，可以认为设备部件是 NX CAD 布线过程中线束需要连接的且具有一定功能的终端设备或器件。

2.1.2 连接器部件

连接器部件是将线缆与线缆、线缆与设备连接的部件。在三维布线技术中，连接器部件又可细分为插座部件、插头部件、内芯部件、外罩部件。在线缆中主要用到的部件是插头部件、内芯部件和外罩部件。图2-2所示为一些常见的连接器。

图2-2　常见的连接器

2.1.3 端子部件

端子部件跟连接器部件类似，且结构形式更为简单。图2-3和图2-4所示为常见的端子部件。

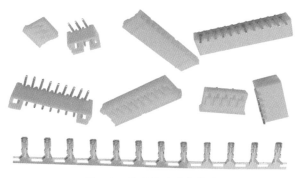

图 2-3　常见的端子部件 1

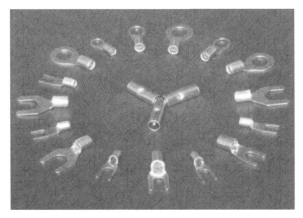

图 2-4　常见的端子部件 2

2.1.4　固定部件

固定部件主要指固定线扎或线束的部件。图 2-5 所示为常见的压线夹。

图 2-5　常见的压线夹

2.2 审核定义中常见的术语

三维电气布线作为一门专业性极强的工程技术，审核定义部件为关键操作的一步。为了更好地掌握布线模块审核定义的知识，预先了解一些常见的术语是非常有必要的。

2.2.1 管线部件类型

管线部件类型是指定义的部件的类型。在 NX CAD 布线模块中，设备与连接器等管线类型在使用上没有明显的区别。因此在实际应用中对部件类型的选用没有严格限制，一般设置管线部件类型为"连接器"和"连接件"。图2-6所示为定义管线部件时的界面，根据该下拉列表可以了解管线部件的类型。

图2-6 管线部件类型

2.2.2 管线布置对象

- 管线布置对象是指定义端口信息需要设置的具体参数，如图2-7所示。
- 端口是指部件上定义用来连接其他部件或连接线缆的点。连接件、固定件和多端口（多个）都属于端口。
- 连接件是指部件与其他部件插合时，需要定义的定位点或连接电线定义的连接

图2-7 管线布置对象

点。作为连接电线的端口时与多端口对应，即为单一端口。

- 固定件是指定义压线夹、线槽和穿线管等固定线束时的连接点。

- 多个，即多端口是指定义的端口存在多线连接情况时定义的连接点。
- 内置路径是指部件内部有一段预先定义好的线束路径线段，在线束文件生成时，该线段也同与之连接的驱动曲线一起生成线束，并计入线束的总长中。

2.2.3 审核定义的其他术语

端口定义的部分常见术语如图2-8所示。

- 端口名指端口的名称。端口名可以自动生成，也可以手动设置。
- 指定对齐矢量指端口定义时端口的朝向。
- 延伸指线束沿对齐矢量方向的直线延伸长度。
- 指定旋转矢量指对部件定义一个确定方位的约束信息。约束须配合使用，即两个均定义了旋转矢量的部件在放置插合时能确定唯一的相对方位。

图2-8 端口定义的部分常见术语

- 接合长度指不同部件（比如连接器与设备）插接时，插合面距离端口原点的距离。一般情况该长度值为0。
- 型材偏置一般用作电线（线束）通过部件时，为了不与部件干涉而设定的一种调整定义。图2-9所示的偏置表达式代表的是，通过该点的线束被调整为线束外表面通过该点，即线束与之相切。
- 端子是多端口定义中的终端——点号、位号、引脚号或者插针位号。图2-10所示为定义部件时端子的设置界面。

图2-9 型材偏置

图2-10 端子的设置界面

2.3 电气部件审核定义

电气连接所涉及的设备和连接器等在建模完成后，需要在NX CAD布线模块中定义三维布线所需的端口信息，才能成为电气部件。

2.3.1 设备部件的审核定义

以熔断器为例，讲解设备部件的审核定义。

（1）打开熔断器模型，并开启NX CAD布线模块及模块下的"线束"和"电缆"功能选项，如图2-11所示。

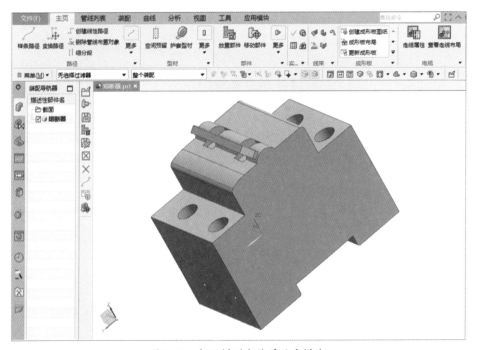

图2-11 打开模型文件并开启模块

（2）找到"审核部件"命令，如图2-12所示。单击该命令，界面如图2-13所示。

（3）设置管线部件类型为"连接器"，如图2-14所示。

（4）设置"连接件"。选择"端口类型"下的"连接件"，然后右键单击并在弹出的快捷菜单中选择"新建"或者选择下方任务栏的"新建"按钮进行新建。

图2-12 打开"审核部件"设置

图2-13 "审核部件"界面

图2-14 设置管线部件类型

（5）设置端口类型为"连接件"，此处亦可按需改为其他端口类型，如图2-15所示。

（6）设置位置和方位。首先指定原点，指定原点的方法很多，为了捕捉方便，这里直接选择圆心的方法。操作流程如图2-16所示。

图2-15 设置端口类型

图 2-16　选择指定原点的方法

选择熔断器接线处的圆弧中心点，在弹出的对话框中单击"确定"按钮，如图 2-17 所示。

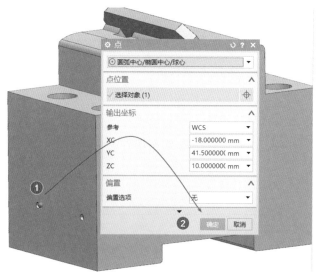

图 2-17　指定原点

（7）指定对齐矢量。根据实际情况选择"反向" ⊠ 调整方向，设定"延伸"为 5，这里的延伸指布线时沿此方向延伸5，换句话说，就是在此方向上定义了5mm的直线部分。操作流程如图2-18所示。

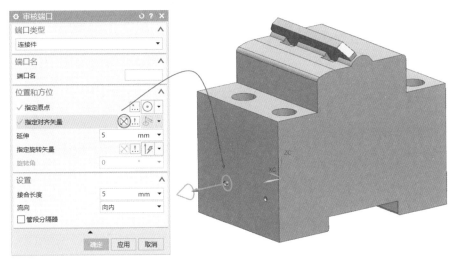

图2-18 指定对齐矢量

（8）指定旋转矢量。指定旋转矢量是指与之连接的另外一个部件相对应的确定相对方位的一个参数，换句话说，就是为了约束部件插合时的朝向。操作流程如图2-19所示。

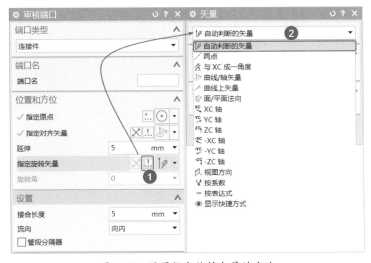

图2-19 设置指定旋转矢量的方法

设定矢量方位，根据实际需要决定是否需要反向，如图2-20所示。

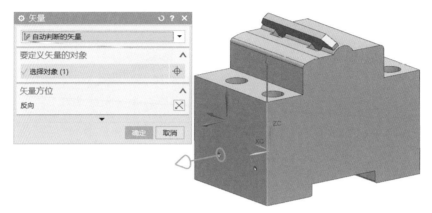

图2-20　设定矢量方位

设定"接合长度"为5，如图2-21所示。

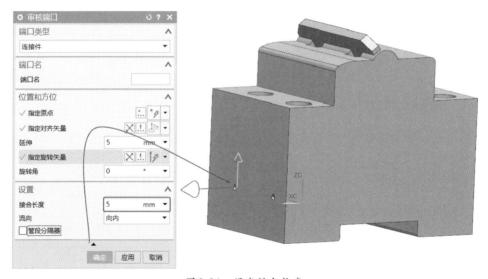

图2-21　设定接合长度

（9）更改端口名称。端口名称可以在最初设置时指定，如图2-22所示，若没有设定，系统则会自动设定一个端口名称。如果需要定义的设备部件只有一个端口，则端口名称可以自动生成；如果有多个连接件端口，为了后续布线时连接件名称的规整统一，建议在审核定义时就设定好符合要求的端口名称。

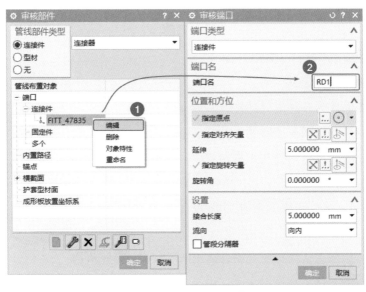

图2-22　更改端口名称

更改端口名称除了上述操作外，还可以在"审核部件"命令对话框下，选中该端口后按F2键进行重命名。

图2-23　设定其余端口

（10）参照上述步骤完成其余三个连接件端口的审核定义，如图2-23所示。

至此，熔断器部件审核定义完成，如图2-24所示，熔断器将包含端口信息。

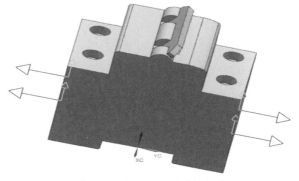

图2-24　审核定义后的熔断器

保存熔断器部件。后续有需要可以直接调用该部件。

2.3.2 连接器部件的审核定义

1. 插座的审核定义

插座部件作为一种电气部件，一般安装或插接在设备外围。插座的外端与插头插合相配，因此只需对插头审核定义——定义连接端口。

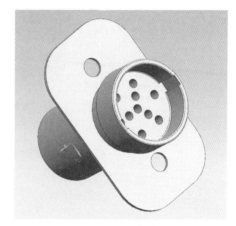

图2-25 插座模型

（1）在NX CAD布线模块中打开插座模型，如图2-25所示。本书提供的素材均能在对应章节的素材资料包中找到，请读者自行查找；注意，模型由NX CAD 1872版创建或修改，使用素材的读者需要安装NX CAD 1872及以上版本才能打开。

（2）单击"审核部件"命令，设定管线部件类型，选择"连接件"，右侧分类型选择"连接器"，如图2-26所示。

（3）右键单击"端口"并在展开项中选中"连接件"，新建"连接件"端口，弹出对话框，如图2-27所示。

图2-26 设定管线部件类型

图2-27 设定端口类型

（4）设定端口的"位置和方位"。根据实际情况，决定是否需要调整对齐矢量方向。操作流程如图2-28所示。

图2-28　设定原点和对齐矢量

（5）指定旋转矢量，选择短边作为旋转矢量的参考方向，如图2-29所示。

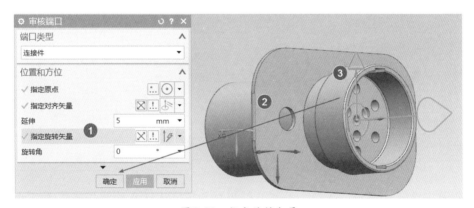

图2-29　指定旋转矢量

至此，插座的定义就完成了，这个定义相对简单。连接端口定义的目的是使得与之连接的插头在NX CAD布线模块中能被自动识别并连接装配。当然，如果在电气布线中这个插座作为线束的终端部件，则需要定义多端口信息，即定义电线连接端口信息。定义方法与下面的插头多端口定义方法类似。

2. 插头端子的审核定义

插头端子一般是一端连接电线，另一端连接与之插接的电气设备部件。因此在定义之初，应先确定哪一端是连接电线的，哪一端是连接设备部件的，然后再进行审核定义。

（1）打开4芯端子模型并开启模块，模型如图2-30所示。查看模型并查阅4芯端子的使用说明，确定凸字端为连接电气设备部件——定义连接件端口，另一端为连接电线——定义多端口。

（2）单击"审核部件"🔳命令，设定管线部件类型，选择"连接件"，右侧分类型选择"连接器"。

（3）右键单击"连接件"，新建端口。

（4）根据上述分析，确定连接端口原点所在的平面，如图2-31所示。

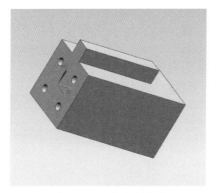
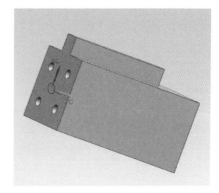

图2-30　4芯端子模型　　　　　　　　图2-31　确定原点平面

（5）设定原点。单击"点"🔳按钮，弹出对话框，选择点的捕捉方式为"两点之间"，单击"指定点1"，选取序号③处红色长边为参照，再单击"指定点2"，选取序号⑤处红色长边为参照，默认点之间的位置为50%，单击"确定"按钮，此时原点已设定好。操作流程如图2-32所示。

（6）设定对齐矢量。单击"指定对齐矢量"，选择"矢量设置"🔳下拉菜单中的🔳方向，并设定"延伸"为0，如图2-33所示。

（7）设定旋转矢量。设定方法与步骤（6）类似，如图2-34所示。

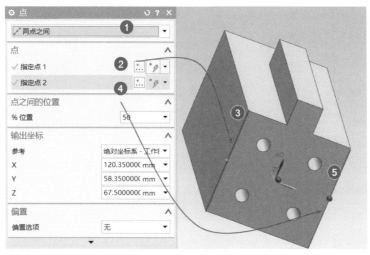

图2-32　设定原点

图2-33　设定对齐矢量

图2-34　设定旋转矢量

（8）右键单击"多个"，选中弹出的"新建"，在"端口类型"下拉列表中选择"多个"，如图2-35所示。

（9）设定多端口原点。可以采用步骤（5）中"两点之间"的捕捉方法，这里讲解另外一种方法。绘制一条直线，如图2-36所示。选择直线的中点作为原点。

（10）指定对齐矢量为 ZC↑ 方向，并设定"延伸"为10，"接线长度"为20，如图2-37所示。

图 2-35　设定多端口

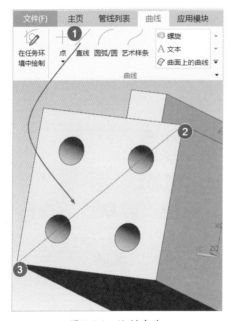

图 2-36　绘制直线

图 2-37　指定对齐矢量

　　为了减少干扰和便于识别端口，可以删除刚才绘制的直线，也可以创建一个不包含该直线的新引用集。如果设定好端子名称不继续指派引脚端子，那么这个端口称为虚拟多端口。虚拟多端口如图 2-38 所示。

（11）继续指派端子。右键单击刚才新建的多端口，在弹出的快捷菜单中选择"指派端子"，如图 2-39 所示。

图2-38 虚拟多端口

图2-39 指派端子

（12）添加新端子。设定端子"名称"为"1"，指定端子点的位置，根据需要单击"反向" ⊠ 按钮。操作流程如图2-40所示。

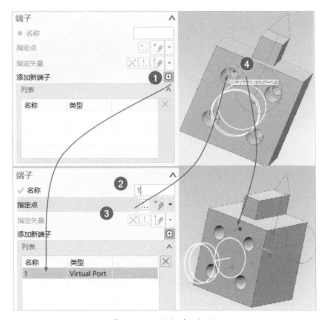

图2-40 添加新端子1

（13）按照图2-40所示流程，完成其余三个新端子的指派。完成后，如图2-41所示。

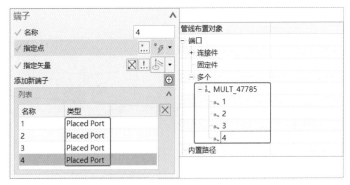

图2-41　添加新端子2

（14）单击"确定"按钮，完成端子指派。所有设置完成后，部件如图2-42所示。

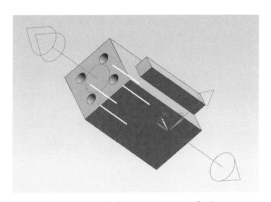

图2-42　完成端子指派后的部件

以上是插头端子比较常规的指派方法，上一小节插座部件的完整的电气审核定义操作与本小节插头端子部件的审核定义流程完全一致。有兴趣的读者可以参照本小节插头端子的审核定义方法对插座完成全部电气连接端口的定义。

3. 内芯的审核定义

工程上端子的定义流程为：首先参照端子的使用说明，确定哪些端口需要定义以及端口定义的位置，然后再参照4芯端子的审核定义的方法进行审核定义。

这里以端子数目较大的内芯端子——33芯内芯端子为例，讲解一下多端口的快速定义方法。

（1）打开33芯内芯端子模型，如图2-43所示。

（2）单击"审核部件" 命令，设定管线部件类型，选择"连接件"，右侧分类型选择"连接器"。

（3）右键单击"端口"的"连接件"，并选择"新建"，设定端口类型为"连接件"。

（4）确定连接端口原点所在的平面，并设定原点，原点位置如图2-44所示。

图2-43　33芯内芯端子模型　　　　　　图2-44　设定原点

（5）选取参照设定"指定旋转矢量"，如图2-45所示，然后单击"确定"按钮。

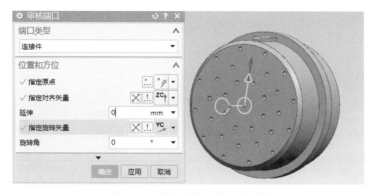

图2-45　设定"指定旋转矢量"

（6）新建"多个"端口。如图2-46所示，在另一面设定原点与旋转矢量，对齐矢量设置"延伸"为5，"接线长度"为10。

（7）指派端子。快速指派端子，可以采用图2-47所示的"生成序列"和"端子阵列"。

图 2-46　设定多端口原点与旋转矢量

图 2-47　快速指派端子的命令界面

生成序列是指批量生成引脚或点位的名称。

端子阵列是指通过阵列的方式命名并指派有阵列关系的引脚和点位。注意，这里的阵列特征必须是在 NX CAD 软件中建模时建立的阵列（模型可以是先在低版本 NX CAD 中建立，后在高版本中使用的），如果用户在其他软件中采用阵列命令建立的特征，然后将模型保存为 NX CAD 支持的格式，再导入 NX CAD 中并对其进行审核定义，这时就不能使用端子阵列命令，只能使用指派端子逐一指派。

生成序列可以根据需要设定前缀和后缀，设定后再分别指派端子。图 2-48 所示为生成序列的名称示意。

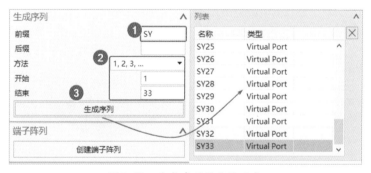

图 2-48　生成序列的名称示意

根据生成的序列，参照上一小节插头的端子指派逐一进行指派。为了快速实现端子指派，这里采用"端子阵列"方法。

选择"创建端子阵列"，在阵列类型中选择"圆形"，单击"位置"设置项下的

"选择阵列特征"，然后选择内芯端子多端口这面的阵列孔特征，再选择特征孔的内部的圆心（多端口界面与连接端口界面之间的孔特征的圆心），如图2-49所示。

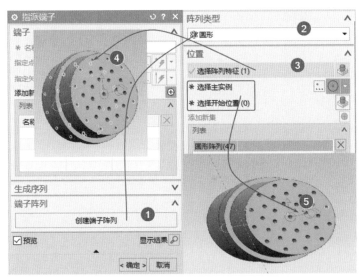

图2-49　创建阵列1

由于本例端子较多，继续添加阵列，单击"添加新集"⊕按钮，按图2-49所示的方法分别确定图2-50中圆圈所示的特征和开始位置。

设定"命名方法"为"顺时针"（视情况而定，有时候选择"逆时针"）。参照图2-51进行设定，并单击"确定"按钮。

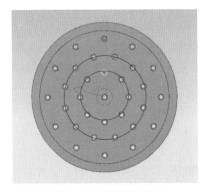

图2-50　创建阵列2

图2-51　创建阵列3

完成阵列指派后，再添加中心处的端子（非阵列孔特征），操作流程如图2-52所示。

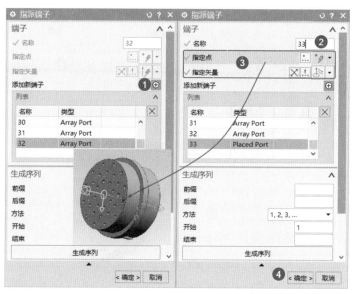

图2-52　创建阵列4

至此，33芯内芯端子审核定义完成，完成后的部件如图2-53所示。

注意：本例讲解的33芯内芯端子多端口端子快速指派流程仅作为方法上的示例，建立的管端信息不代表33芯内芯电气组件正确的引脚信息。建议读者在审核定义这类电气组件时，为了让电气组件模型与实物保持一致，除了建立正确的三维模型，还需要参照该组件产品手册上的型谱图正确指派管端。

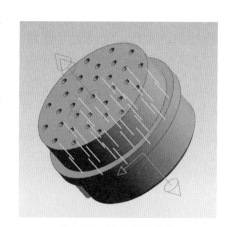

图2-53　端子指派完成

4. 外罩的审核定义

以某DB类连接器外罩为例，讲解外罩的审核定义。

（1）打开外罩模型，并开启功能模块，如图2-54所示。

图2-54　外罩模型

（2）绘制直线段。可以采用草图绘制，也可以采用主菜单中的直线命令绘制，这里采用后者。选择合适的点捕捉方法，绘制图2-55所示的直线段，单击"确定"按钮。

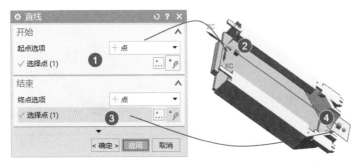

图2-55　绘制直线

（3）单击"审核部件" 命令，设定管线部件类型，选择"连接件"，右侧分类型选择"连接器"。

（4）新建"连接件"端口。

（5）参照其他连接器部件的审核定义设定连接端口，如图2-56所示。

（6）定义多端口，指定原点和对齐矢量，按图2-57所示进行设定，完成后单击"确定"按钮。

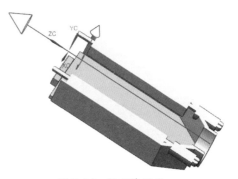

图2-56　设定连接端口

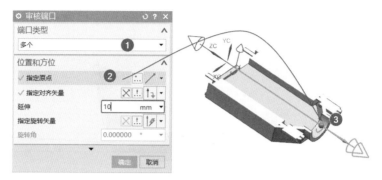

图 2-57　定义多端口

（7）右键单击"内置路径"，选择"新建"按钮，选定步骤（2）绘制的直线段为内置路径，操作方法如图2-58所示。

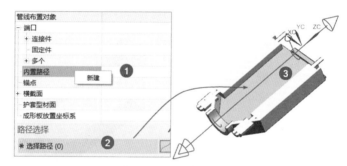

图 2-58　设定内置路径

外罩审核定义完成后如图2-59所示。

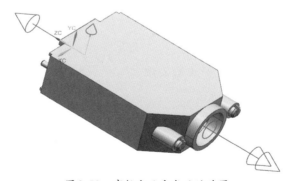

图 2-59　审核定义完成后的外罩

2.3.3 端子部件的审核定义

1. 元件端子的审核定义

元件端子一般焊接在电路板上，对其进行审核定义的方式与设备或者连接器基本类似。下面以P10端子为例，讲解元件端子的审核定义。

（1）打开P10端子模型，并开启布线模块，如图2-60所示。

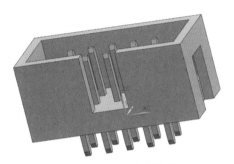

图2-60　P10端子模型

（2）创建多端口。参照连接器多端口的创建方法创建端口，如图2-61所示。

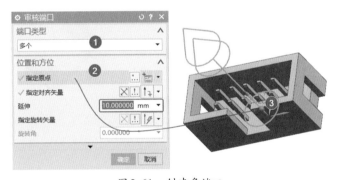

图2-61　创建多端口

（3）创建端子名称序列。设置参数如图2-62所示。

（4）指派端子。设定端子指定点与多端口位于同一平面，逐一设定后单击"确定"按钮。定义完成后如图2-63所示。

在工程实际应用中，为了快速地进行三维布线，一般对这类的端子只设置一个连接件端口即可，而对与之插接的公头端子（如本书第9章中提到的11芯端子）需进行如上述所示的详细的定义。

图2-62 创建端子名称序列

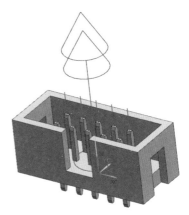

图2-63 审核定义后的元件端子

2. 接线端子的审核定义

接线端子有很多种类，这里以焊片类接线端子为例，讲解接线端子的审核定义。焊片需要定义一个连接电线的连接件端口和一个确定焊片连接位置的连接件端口。

（1）打开接线端子模型，并开启功能模块，如图2-64所示。

（2）创建固定连接端口。与连接器连接端口的创建方法相同，如图2-65所示。

图2-64 接线端子模型

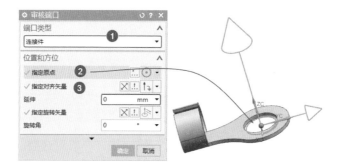

图2-65 创建固定连接端口

（3）创建电线连接端口。与连接器连接端口的创建方法相同，设定"延伸"为10，操作流程如图2-66所示，完成后单击"确定"按钮。

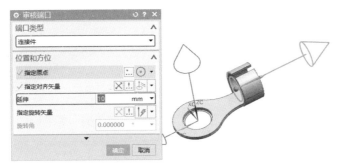

图2-66　创建电线连接端口

至此，接线端子审核定义完成，完成后的图如图2-67所示。

另外，焊片的电线连接件端口也可以定义成夹具端口——表示这个端口有固定电线的作用。

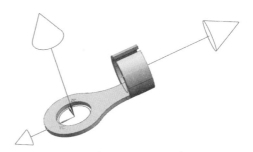

图2-67　审核定义后的接线端子

2.3.4　固定部件的审核定义

固定部件一般指固定线束（电线）用的压线夹、线槽和穿线管等。这类部件在三维布线中需要定义夹具端口——约束线束位置的端口。

以常见的R形压线夹为例，讲解固定部件的审核定义。

（1）打开压线夹模型，并开启NX CAD布线模块及模块下的"线束"和"电缆"功能选项。模型如图2-68所示。

（2）为确定压线夹的放置方位，可以建立一个连接件端口，如图2-69所示。如果不定义这个端口，在后续使用时就需要通过移动旋转或约束的方法对压线夹进行方位调整。

（3）设定固定端口。在"端口类型"下拉列表中选择"夹具"，后续操作如图2-70所示。

图 2-68　压线夹模型

图 2-69　建立连接件端口

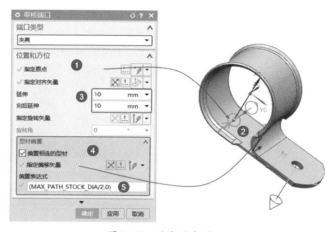

图 2-70　设定固定端口

　　至此，压线夹固定端口审核定义完成，完成后的图如图 2-71 所示，其固定端口可以作为创建路径时的控制点。

　　在实际布线过程中，除了在定义固定端口时添加一个偏置定义外，还可以在其他位置单独定义一个固定端口。

（4）在中心位置新建一个"夹具"端口。指定原点，单击"点" ⊡ 按钮，弹出对话框，采用"两点之间"的方法，依次选中两侧外圆的圆心，如图 2-72 所示。

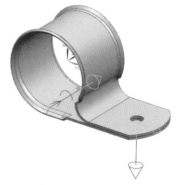

图 2-71　审核定义后的压线夹固定端口

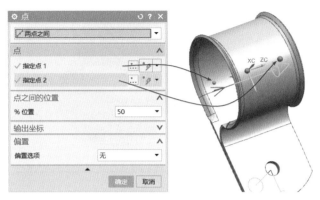

图 2-72　指定原点

（5）指定对齐矢量，并设置延伸和向后延伸值，然后取消勾选"型材偏置"中的"偏置相连的型材"选项，如图 2-73 所示。

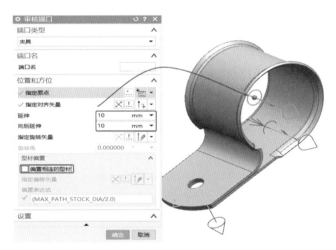

图 2-73　指定对齐矢量和延伸

单击"确定"按钮，完成固定端口定义。所有设置完成后，部件如图 2-74 所示。

这里说明一下上面压线夹定义的两类夹具端口的用法。定义在压线夹内表面的带偏置的夹具端口是为了约束电线表面与之相切而定义的端口；定义在压线夹中间的夹具端口是为了约束电线走向，增加一个路径的控制点，使路径能够通过该部件。

图2-74　压线夹固定端口建立完成

2.4　部件审核的重要设置与设置技巧

对于初学者而言，有许多审核定义的关键设置和定义时采用的方法不容易理解。下面具体讲解一下部件审核的重要设置和一些设置技巧。

2.4.1　重要设置

部件审核定义中的设置参数都有一定的意义，这里选取几处比较重要的设置参数进行总结。

（1）接合长度指不同部件（如连接器与设备）插接时，插合面与端口原点的距离。不同接合长度值对应的接合情况是不一样的。这里以电压表与4芯端子为例，通过放置部件的方法将它们连接起来，并对4芯端子设置不同的接合长度进行比较。图2-75所示是4芯端子"连接件"中"接合长度"分别设置为0、10和−10时与电压表的插接情形。

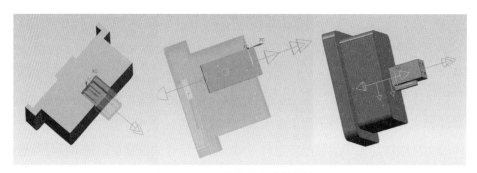

图2-75　不同接合长度的插接情形

（2）接线长度设置。接线长度是指多端口的端子接线时，汇聚点与多端口原点的距离。图2-76所示为4芯端子"接线长度"设置为20时，终端电线的细节情形。

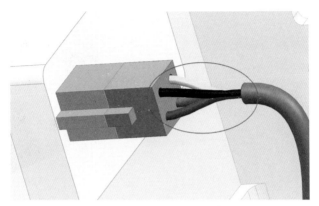

图2-76 终端电线的细节情形

（3）端子的正确指派。一般情况下，如果多端口部件的端子数目较小，就可以直接逐一指派，而在端子较多的情况下，可以采用阵列方法快速指派端子。在指派端子时，注意根据实际情况先确定1号端子和其他端子的顺序，具体设置如图2-77和图2-78所示。

图2-77 设定矩形阵列端子

图2-78 设定圆形阵列端子

2.4.2 设置技巧

1. 点的捕捉

部件审核定义很多时候是对某点的定义，因此对点的捕捉就显得尤其重要了。点的选择方法如图2-79所示。

"两点之间"可以比较快速地选择准确的点。如图2-80所示，先选取两边线的中点，然后再选定这两点之间的点作为选用点。

图 2-79　点的选择方法

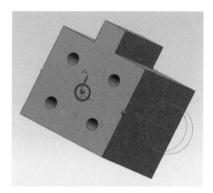

图 2-80　采用"两点之间"选择点

"光标位置"和"面上的点"可以用来定义端口时粗略地指定点，比如定义多端口时原点的选取。

2. 矢量设置

矢量设置的方法如图2-81所示。

快速设置矢量，一般先查看和设置选择过滤器，开启需要的捕捉功能，然后根据"自动判断的矢量"快速指定矢量，如图2-82所示。

图 2-81　矢量设置方法1

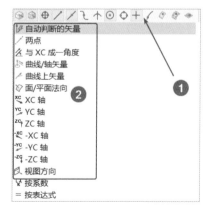

图 2-82　矢量设置方法2

在快速设置矢量时，较为常用的方法有三种：第一种是直接选取部件的棱边作为矢量参考；第二种是直接选定坐标轴作为参考；第三种是采用"两点"方法直接确定矢量方向。

2.5 小结

电气部件的审核定义是三维电气布线的第一步，其定义的准确性直接决定后续布线是否成功。

部件审核定义根据不同的使用需求，定义内容也不同，在实际应用过程中还应具体问题具体分析。在审核定义时，如需要修改端口定义信息，可以在"审核部件"命令窗口中，右键单击该端口，在弹出的快捷菜单中选择"编辑"进行更改；如果定义错误，也可以直接删除，删除后再重新定义。

本章为了尽可能多地涉及操作过程中可能用到的方法，有些操作较为复杂，还有更好、更简便的操作，因此操作流程仅供读者参考。

第3章
部件的装配与布置

在NX CAD三维布线技术中，要表达线束的走向，就需要表达部件与部件的相对位置和从属（插接）关系。本章将以电源检测仪为例，具体讲解在三维布线技术中装配与放置的使用。

3.1　部件的装配

装配在NX CAD中不仅能将零部件快速组合成产品，而且在装配过程中可以进行关联设计，并对装配模型进行间隙分析。在三维布线技术中，装配的作用跟在普通建模环境中一样，是将零部件通过一定的约束关系连接起来。

本书将根据实例讲解三维布线中常用的装配操作。如需了解更多装配操作，请参考NX CAD其他相关书籍。

3.1.1　装配约束

NX CAD建模技术中，可以通过装配约束将零部件组装起来。常用的装配约束类型如图3-1所示。

图3-1　常用的装配约束类型

采用常规装配方法对电源检测仪的部分零部件进行装配，具体步骤如下。

（1）打开NX CAD，新建模型，将其命名为"电源检测仪"。

（2）在"装配"主菜单中单击"添加组件" ▦按钮，添加机箱部件，如图3-2所示。

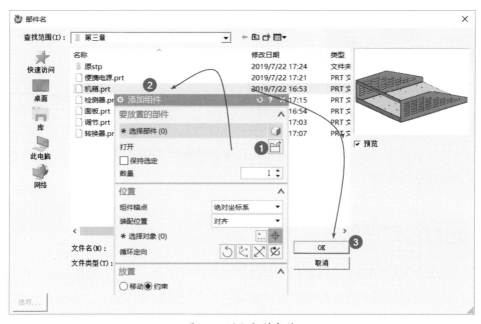

图3-2　添加机箱部件

（3）参照图3-3所示的流程，创建固定约束。

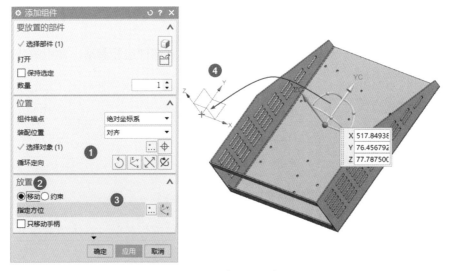

图3-3　创建固定约束

（4）装配面板。参照图3-4所示的流程，加载面板。

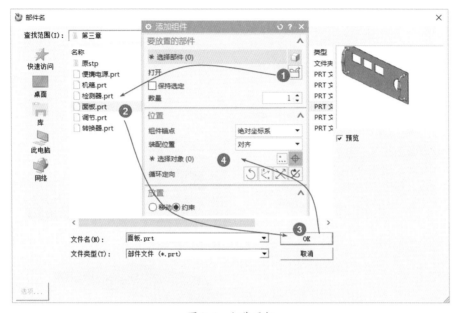

图3-4　加载面板

加载面板后，调整面板的大致位置，如图3-5所示。

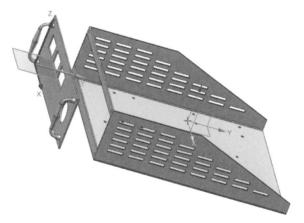

图3-5　调整面板位置

"同心约束"是指定两个具有回转体特征的对象，使其约束到同一条轴线的位置。选择约束类型为"同心" ，然后选取两个对象回转体边界的轮廓线，即可添加"同心约束"。装配固定面板，操作流程如图3-6所示。

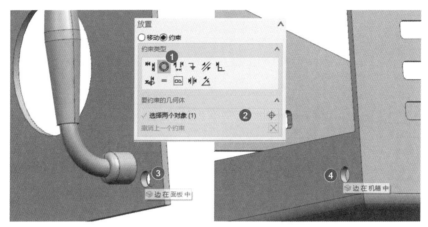

图3-6 "同心约束"固定面板

读者可以采用其他约束命令，完成面板余下的约束。由于三维布线技术关注的是部件的相对位置，对于部件的是否完全约束没有强制性要求，因此，约束成图3-7所示状态就可以判定面板装配完成。

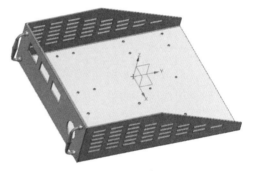

图3-7 面板约束完成

3.1.2 移动装配

移动装配与约束装配不同，它是将部件从一个位置移动到另外一个位置。NX CAD中"移动组件"有图3-8所示的命令。

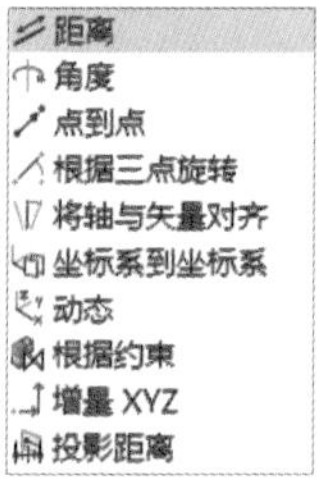

移动组件有很多命令，都能完成相应功能的移动装配操作，若需要更深入地了解移动装配，请参阅NX CAD其他相关书籍。下面以最为常用的"动态"命令

图3-8 "移动组件"的命令

为例，讲解其具体操作流程。"动态"命令即通过调整动态坐标手柄的方法，使得零部件做相应移动，以达到移动装配的目的。

（1）参照上一节操作流程，先放入机箱，再添加面板组件，如图3-9所示。

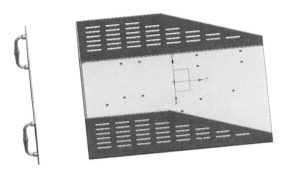

图3-9　新建模型并添加组件

（2）按图3-10所示流程，将面板动态坐标手柄的原点移动到面板把手对侧固定孔的圆心上。

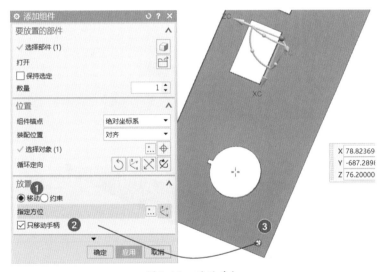

图3-10　移动手柄

（3）指定移动位置点。取消勾选"只移动手柄"复选框，按图3-11所示的操作流程，指定序号②处的外表面圆心。

　　指定移动位置点后，观察装配是否到位。如发现面板与机箱成一定的角度，则可以采用装配的对齐或平行约束调整方向，或者采用动态坐标手柄的旋转命令进行调整。

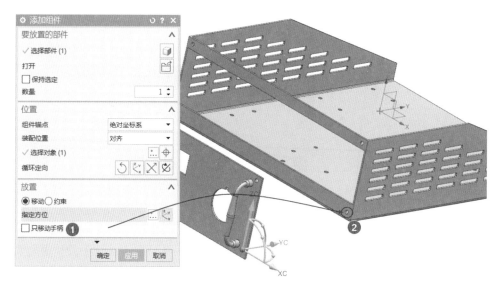

图 3-11　指定移动位置点

装配成形，如图 3-12 所示。

图 3-12　装配成形

为实现零部件的装配，NX CAD 中提供了丰富的命令。在 NX CAD 三维布线技术中，不要求对零部件进行完全约束，不管采用什么命令，只要最终实现想要的相对位置关系即可。注意，这里的零部件指外围零部件，即与线束子装配无关的部件。为了快速、准确地实现零部件的装配布置，建议读者参照 NX CAD 其他相关书籍并结合使用过程的经验，选取合适的命令对零部件进行装配操作。

3.2 放置部件

电气部件必须通过布线模块的放置命令添加到模型中，如果是直接通过装配模块的添加组件添加进模型就会造成电气端口信息不能识别。电气部件的放置是 NX CAD 布线技术中非常关键的知识点。虽然本知识点不难，但一旦设置错误，会导致后续无法生成三维线束和创建成形板。

3.2.1 确定电气部件从属关系

电气部件的从属关系是指电气部件属于哪一个子装配组件。要确定从属关系，首先需要了解以下几个基本概念。

- 电气部件是指部件经过审核定义后具有布线连接需要的端口信息的零部件。
- 线束（线缆）一般是指末端含有连接器、插头或接线端子等电气部件的电线组件。
- 线扎图是将交错的、复杂的甚至交织成网的多根线缆通过一定的布置方式展平成形后绘制成的便于车间生产加工的二维图。

三维布线中要确定电气部件的从属关系就是确定电气部件是否出现在线扎图中，或者换句话说，是否需要该电气部件出现在线束组件中。一旦明确这一点，从属关系就明朗了。

3.2.2 外围电气部件放置

激活线束和电缆功能选项，并打开布线模块。找到图 3-13 所示的"放置部件"命令。

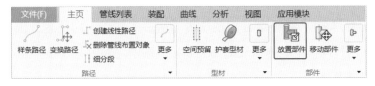

图 3-13 "放置部件"命令

单击"放置部件" ⬚ 按钮，界面如图 3-14 所示。

可以选择"重用库"里面的部件和现有部件进行放置。

"重用库"包含可重用的组件和可重用的对象。可重用组件可以作为组件添加到装配中。这类组件包括：行业标准部件和部件族、NX CAD机械部件族和其他部件族。可重用对象可以作为对象添加到模型中。这类对象包括：用户定义特征、规律曲线、形状和轮廓、2D截面、制图定制符号等。本书中提到的重用库一般指NX CAD软件中已经定义好的电气部件或型材，用户可以直接调用。部分可重用的电气部件如图3-15所示。

图3-14 "放置部件"界面

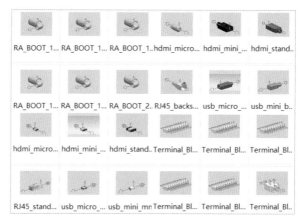

图3-15 重用库中的部分电气部件

"选择现有部件"的部件是指用户自行审核定义的部件。

下面接着对3.1节部件装配后的文件做进一步完善，即放置外围电气部件。这里的外围电气部件指除连接线缆插头和接线端子之外的电气部件。外围电气部件将不在线束中显示。

1. 放置电压表

打开3.1.1小节建立的"电源检测仪"模型文件。

（1）单击"放置部件"🖹按钮，按图3-16所示的步骤找到电压表模型文件，然后单击"OK"按钮。

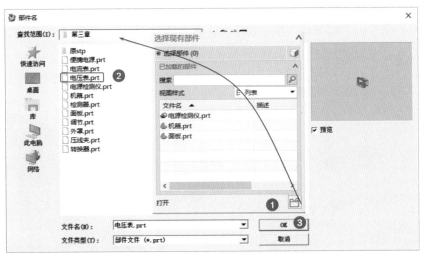

图3-16　找到电压表部件

（2）将电压表添加进模型中。参照图3-17选择合适的位置点，调整引用集，使其只显示模型和端口，然后在序号③所示处调整电压表的方位，以便移动装配。

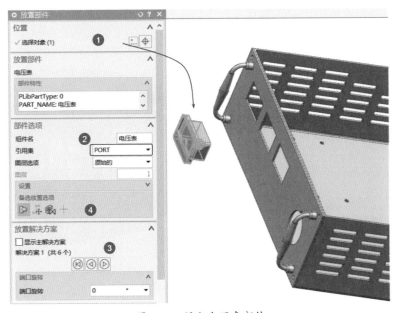

图3-17　添加电压表部件

（3）单击步骤（2）序号④处的装配，将电压表装配在面板上。

参照图3-18，单击"中心约束" 按钮，"子类型"设定为"2对2"，在"选择对象"栏单击"选择几何体" 按钮，依次选择图中序号③～⑥处表面，使得电压表中心面与安装口中心面重合。

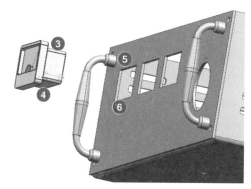

图3-18　约束电压表1

单击"应用"按钮，然后采用相同的步骤，设定电压表的另外两面的中心面与安装口对应两面的中心面重合。再单击"对齐约束" 按钮，参照图3-19进行余下约束。

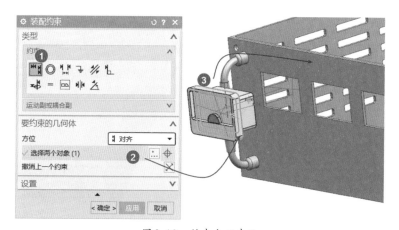

图3-19　约束电压表2

约束完成后如图3-20所示。

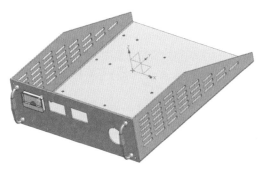

图3-20 电压表部件约束完成

2. 放置电流表

放置电流表，也可以采用完全相同的方法。但为了讲解更多的方法，这里采用其他方法放置电流表部件。

（1）参照"放置电压表"中步骤（1）和步骤（2），找到电流表并调整好合适的姿态，然后添加进来，如图3-21所示。

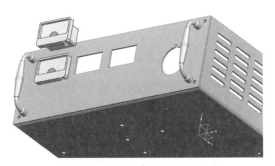

图3-21 将电流表添加进模型中

（2）在电流表的任意位置长按鼠标右键，在弹出的快捷菜单中选择右下角的"移动"命令，如图3-22所示。

（3）采用移动动态坐标手柄的方法。

参照图3-23，先采用移动手柄的方法将动态坐标手柄的原点移动到安装面的中心，在指定方位时，单击序号③处的"点"▥按钮，然后选择"两点之间"的方法，分别指定图示电流表安装面圆圈处的中点，

图3-22 调出"移动"命令

73

单击"确定"按钮。

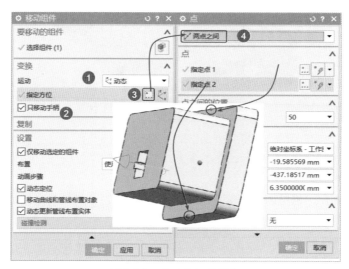

图 3-23 移动坐标系原点

上述操作完成后，取消勾选"只移动手柄"复选框，单击"点" ⸬按钮，按图 3-24 所示步骤确定面板上对应的点。

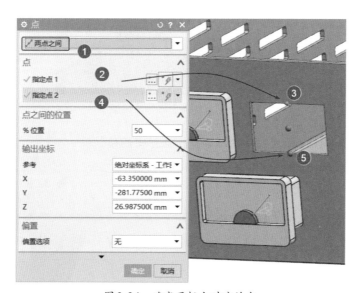

图 3-24 确定面板上对应的点

至此，电流表放置完成。为便于区分，选中电流表，然后同时按住Ctrl+J键将电流表设置为另一种颜色。更改颜色后的电流表如图3-25所示。

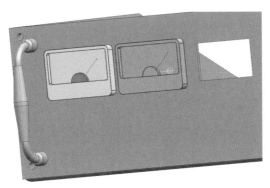

图3-25　更改颜色后的电流表

3. 放置调节器

（1）单击"放置部件"📄按钮，按图3-26所示的步骤找到调节器模型文件。

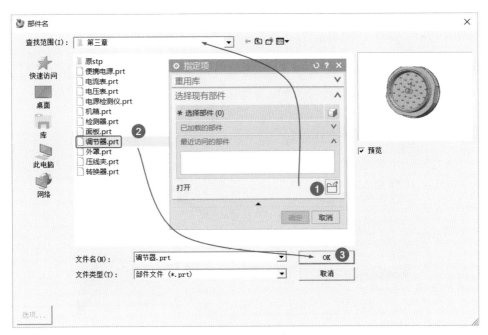

图3-26　添加调节器

75

（2）参照图3-27调整合适的引用集和放置方案。

图3-27　添加调节器后进行其他设置

（3）约束调节器的方位。采用中心面重合的方法调整方位，如图3-28所示。鉴于前面有详细的操作流程，这里不再赘述。

图3-28　约束调节器的方位

（4）约束完成后，参照"放置电流表"中采用的移动动态坐标手柄的方法，将调节器放置到对应的安装孔上，并将调节器设置为蓝色，如图3-29所示。

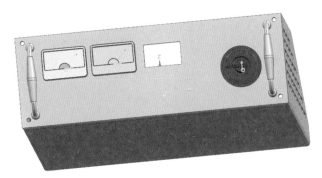

图3-29　调节器放置完成

4. 放置检测器

（1）单击"放置部件"按钮，再单击"打开"按钮，找到检测器模型文件，并将其放置到某一位置，如图3-30所示。

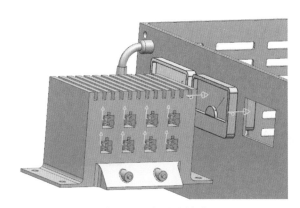

图3-30　检测器模型

（2）在检测器的任意位置长按鼠标右键，选择"画笔"工具，编辑显示颜色，如图3-31所示。

（3）调整方位。用鼠标右键长按检测器，调出"移动"命令，按图3-32所示，选中序号①处的旋转方位，输入角度值90。

（4）放置检测器到机箱对应的安装位置。

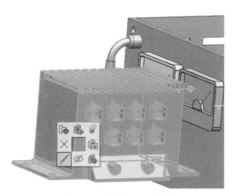

图 3-31 编辑显示颜色

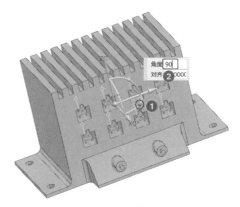

图 3-32 调整方位

　　采用动态坐标手柄的方法。勾选"只移动手柄"复选框，先将手柄移动到检测器下表面安装孔的圆心位置，如图 3-33 所示。

　　然后取消勾选"只移动手柄"复选框，选中机箱对应的安装孔圆心点，放置完成后，如图 3-34 所示。

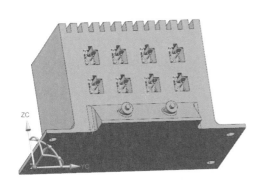

图 3-33 移动手柄

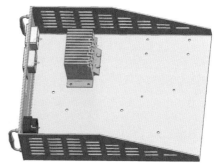

图 3-34 完成放置

5. 放置压线夹

（1）单击"放置部件" 按钮，再单击"打开" 按钮，找到压线夹模型文件，并将其放置到某一位置，如图 3-35 所示。

（2）根据需要移动压线夹的位置，如图 3-36 所示。

　　至此，压线夹放置完成。

图3-35　压线夹模型

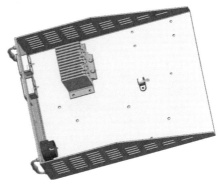

图3-36　调整位置

6. 放置其他部件

参照上述操作流程，依次放置便携电源、转换器和其他位置的压线夹。放置完成后，为了使各部件具有层次感且便于区分，可以对不同部件分别设定不同颜色。放置完成后如图3-37所示。

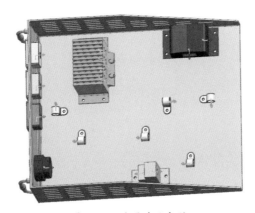

图3-37　放置其他部件

7. 组件归类与新建

为了便于三维布线时查找部件，需要对上述零部件进行归类整理。建议初学者将跟布线没有直接关系的纯结构零部件单独归类到一个子装配组件中，与之平级的为与线缆端头有连接关系的设备和连接器等。线束组件也作为一个与之平级的子组件。

在"装配导航器"中选中"机箱"和"面板"，然后单击"装配"菜单中的

"新建"![按钮]按钮，新建"检测仪机箱"子装配文件。参照图3-38所示的操作流程完成操作。

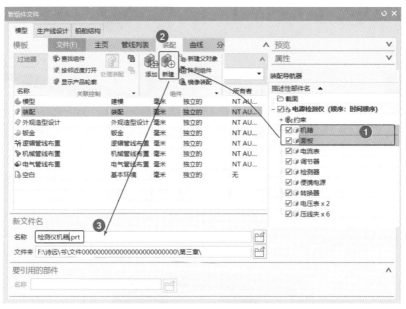

图3-38　新建子装配1

单击"确定"按钮，得到新的子装配组件，如图3-39所示。

3.2.3　放置线缆端头部件

线缆端头部件为线束部件的重要组成部分。因此端头部件的放置非常关键——必须确保端头部件从属于线束组件，不然即使生成完整的线束外形也不能生成正确的线扎图。放置端头部件有两种不同的方法：一是先创建线束子装配部件，然后在新建的线束子装配中放置线缆端头部件；二是先放置线缆端头部件，再创建线束子装配部件。

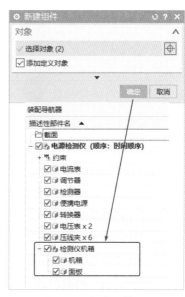

图3-39　新建子装配2

1. 放置端头部件方法1

接着3.2.2小节，继续完善放置部件。

先创建线束子装配部件，然后再放置线缆端头部件。

（1）单击"装配"主菜单中的"新建" 按钮，新建线束文件名为"线扎1"。

（2）右键单击"线扎1"，使其为工作部件，或直接双击该部件，使其成为工作部件，如图3-40所示。

（3）放置端头部件。单击"放置部件" 按钮，按图3-41所示的步骤找到4芯端子。

图3-40　设置为工作部件

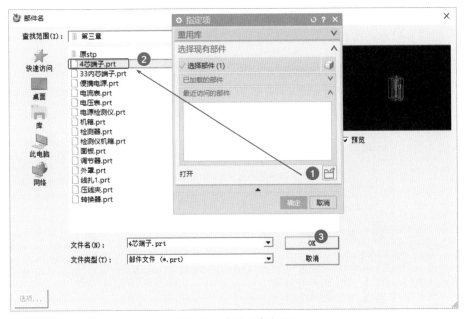

图3-41　放置4芯端子1

选择电压表1的端口作为放置的位置点，如图3-42所示，在弹出的"部件间复制"对话框中，单击"确定"按钮。

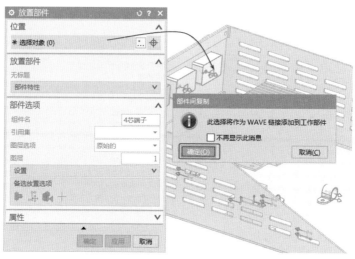

图 3-42　放置 4 芯端子 2

　　设定放置部件的引用集——确保该部件审核定义的连接端口显示出来。再根据实际情况选用合适的放置解决方案，使部件通过事先定义的端口连接起来。具体参照图 3-43 进行操作。

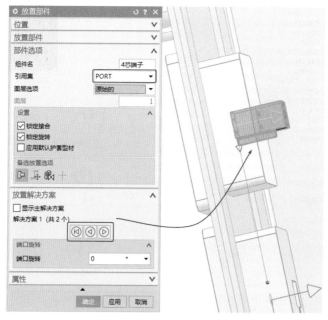

图 3-43　放置 4 芯端子 3

（4）4芯端子放置完成后如图3-44所示。

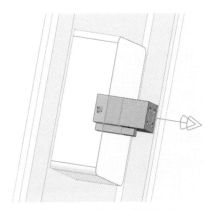

图3-44　4芯端子放置完成

参照上述操作放置其他端子部件。

2. 放置端头部件方法2

端头部件的放置方法，除了事先创建线束子装配组件再添加端头部件外，还有另外一种方法——先添加端头部件再创建线束子组件。

（1）参照"放置端头部件方法1"放置24芯端子，如图3-45所示。

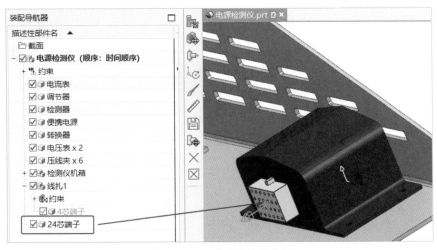

图3-45　24芯端子放置完成

（2）在"装配导航器"中选中"24芯端子"，单击"装配"主菜单下的"新建"🔧按钮，设定名称为"线扎2"，如图3-46所示。

（3）在"装配导航器"中设定"线扎2"为工作部件，单击"装配"主菜单下的
"WAVE几何链接器"🔗按钮，在下拉列表中选择"管线布置对象"，并选择
需要建立的WAVE链接的端口，如图3-47所示。

图3-46　24芯端子线束子组件

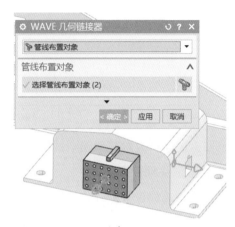

图3-47　创建WAVE链接

设定该线束为工作部件，将余下的部件继续放置进来。

3. 两种方法的比较

从NX CAD通用建模模块来看，这两种方法
虽然不同，但最终的目的都达到了；从NX CAD
布线模块来看，两者却有很大的区别。

从约束来看，24芯端子约束丢失或者没有被
链接过来，如图3-48所示。

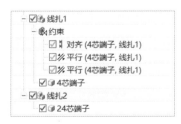

图3-48　不同放置方法的约束

用NX CAD布线模块中的锁定部件🔒可以检
验端口连接与否。

双击"线扎1"使其为工作部件，单击"锁定部件"🔒命令，并单击"连接
端口"。

如图3-49所示，取消勾选"锁定接合"复选框，则对应约束关系就消失。如

果要重新建立锁定接合，重复上述操作，选中连接端口勾选"锁定接合"复选框即可。

图 3-49　查看4芯端子的连接情况

双击"线扎2"使其为工作部件，单击"锁定部件" 🔒命令，弹出图3-50所示的提示窗口。

图3-50说明端口信息没有出现在"线扎2"中。在低版本的NX CAD中不能指定部件，即无法完善线束走向信息，因此会出现"不存在

图 3-50　查看24芯端子的连接情况

具有相连端口的组件"这样的提示。在三维布线时要随时关注电气部件的端口以及端口连接的情况，以确保操作无误，避免后期出现错误再返回查错。

另外一种情况将不会出现上述的错误：如果在一开始就直接在装配模型（连接器与设备已插合到位）的基础上，单独对各部件进行审核定义——包含插合的连接件端口，然后新建线束组件并将其包含的端头部件转移至该组件下，再通过WAVE链接的方法将相关联的部件的端口信息链接到线束组件中，最后再完善布线的其他流程。本方法在这里仅做一般性介绍，具体操作请参考9.5节。

综上所述，不管采用什么方法，在布线之初，都要重视电气部件的层级关系和端口信息。

放置部件是三维布线中非常关键的一步，主要总结如下。

（1）确定放置部件时的工作部件是否正确，特别是放置线缆端头部件时的工作部件应为相应的线束子组件，也需要留意该线束子组件是不是被需要的子组件。

（2）出现WAVE链接窗口单击"同意"按钮。有些相关联的组件端口可能没

有链接到线束组件中，我们可以采用WAVE链接的方法将其链接过来。

（3）放置部件时注意引用集的选用——选用依据为端口信息显示完整，滤除建模时的参考面等信息。

（4）尽量不要选用模型中现有的电气部件，防止模型中已有的电气部件因端口信息错误或丢失而影响后续其他操作。

（5）经常关注部件端口信息。一旦发现电气部件端口丢失，应调整引用集，观察端口信息是否复现，若还是没有端口信息，应移除后重新放置该部件。

3.3 移动部件

移动部件就是将电气部件移动到另外一个位置。电气部件的端口连接实质上是一种约束。要移动电气部件应先取消约束，否则无法移动。下面以线扎1中电压表1上的4芯端子为例，将其移动到电流上。

（1）取消勾选"锁定接合"复选框。按图3-51所示的流程操作，直至约束被删除。

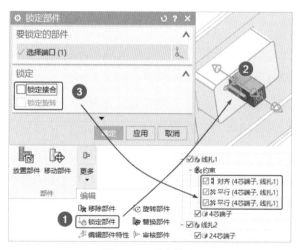

图3-51 删除约束

（2）单击"移动部件" 按钮。移动部件有五种方法，这里将分别进行讲解。在
　　　方法选用栏上单击"端口" 按钮，选中4芯端子模型，然后单击鼠标中键
　　　确定，再选择4芯端子的端口。操作流程如图3-52所示。

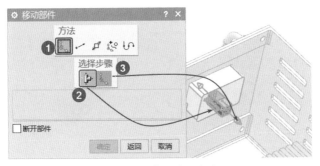

图 3-52　采用端口方法

单击"确定"按钮，在弹出的"平移/旋转"对话框中输入相应的数值，然后单击需要的平移/旋转命令进行操作。可以查看移动的实时效果，如图 3-53 所示。

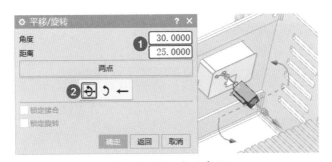

图 3-53　输入相应参数

（3）单击"取消"按钮，尝试使用"点和矢量" ☑ 的移动方法。单击"点和矢量" ☑ 按钮，再选中 4 芯端子，如图 3-54 所示。

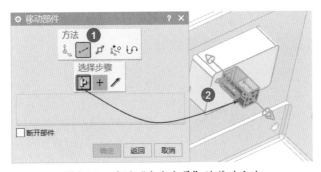

图 3-54　使用"点和矢量"的移动方法

单击鼠标中键进入下一步，选取一个点和参考矢量，如图 3-55 所示。

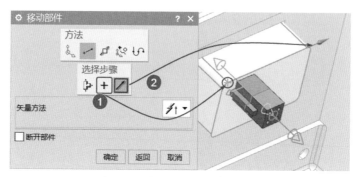

图 3-55　选取一个点和参考矢量

单击"确定"按钮,在弹出的"平移/旋转"对话框中输入相应的数值,然后单击平移/旋转命令进行操作,可以查看调整的实时效果,如图 3-56 所示。

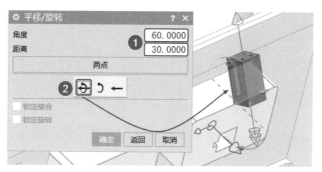

图 3-56　输入相应参数

（4）单击"取消"按钮,再尝试使用"装配移动组件" 的移动方法。单击"装配移动组件" 按钮,选中 4 芯端子,如图 3-57 所示。

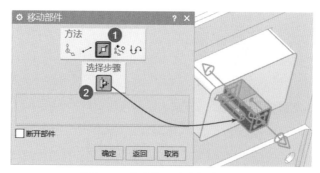

图 3-57　使用装配移动组件方法

弹出"移动组件"对话框，将"变换"栏的"运动"方式选择为"动态"，这时就可以采用动态坐标手柄进行调整，如图3-58所示。

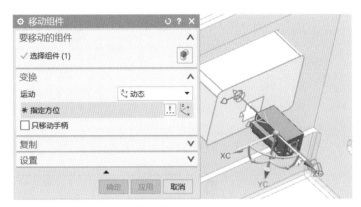

图3-58 移动组件

可以看出，这种方法与直接采用装配移动组件的方法一致。

（5）单击"取消"按钮，再尝试使用"沿曲线" 的方法。单击"沿曲线" 按钮，选中4芯端子，单击鼠标中键，再选中多端口，如图3-59所示。

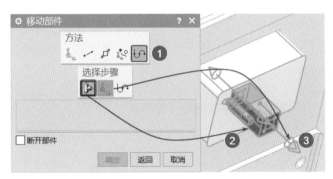

图3-59 使用"沿曲线"的方法

单击鼠标中键确定，然后选择机箱上某一条轮廓曲线，单击"确定"按钮。如图3-60所示，所选组件可以沿曲线进行移动，也可以调整组件的方向。

（6）单击"取消"按钮，再尝试使用"放置对象" 的方法。单击"放置对象" 按钮，选中4芯端子，如图3-61所示。

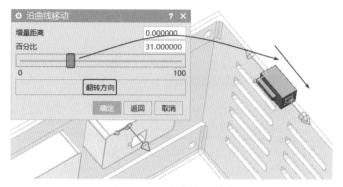

图 3-60   沿曲线进行移动

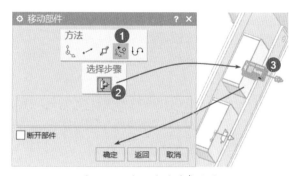

图 3-61   使用放置对象方法

　　然后选定放置对象的端口，在弹出的"部件间复制"对话框中单击"确定"按钮，如图 3-62 所示。

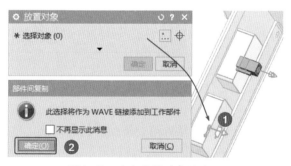

图 3-62   选定放置对象的端口

　　再锁定接合。在弹出的"确认方位"对话框中勾选"锁定接合"复选框，建立约束关系，如图 3-63 所示。

图 3-63　锁定接合

至此，4芯端子电气部件移动放置成功，如图3-64所示。

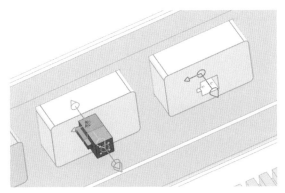

图 3-64　移动部件完成

以上讲解了移动放置的五种方法，其中放置对象的方法能够将端口与需要放置的设备一起连接起来，符合三维布线中电气部件的放置连接需求，因此该方法较为常用。

3.4　移除部件

移除部件就是将放置的部件删除。

撤回3.3节中的操作，对4芯端子进行移除。

（1）取消锁定。

（2）移除4芯端子。单击"移除部件" 命令，然后选中4芯端子，再单击"确定"按钮，如图3-65所示。

移除4芯端子后，电压表1的端口信息复现，如图3-66所示，如有需要可以进行连接放置。

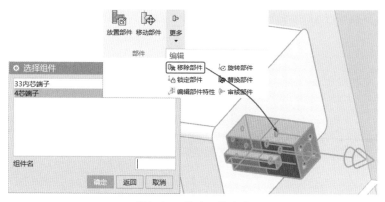

图 3-65　移除 4 芯端子

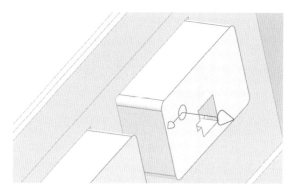

图 3-66　移除 4 芯端子后的电压表 1

再来看一看线扎 2。双击"线扎 2"使其为工作部件。按图 3-67 所示的操作流程，移除 24 芯端子。

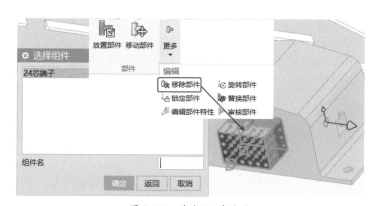

图 3-67　移除 24 芯端子

移除后，端口信息复现，如图3-68所示。

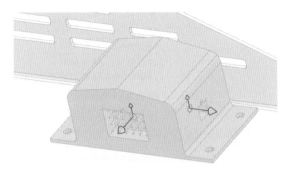

图 3-68　移除24芯端子后的便携电源

移除部件之后，与之插合的便携电源的连接端口复现，可以继续放置电气部件。

3.5　旋转部件

旋转部件是对电气部件进行旋转。旋转部件只对两个均定义了旋转矢量的已连接的电气部件有效。

为了更直观地讲解"旋转部件" ![命令图标]命令，在线扎1中放置33芯内芯端子和外罩。具体操作参照3.2节中电气部件的放置内容。放置后如图3-69所示。

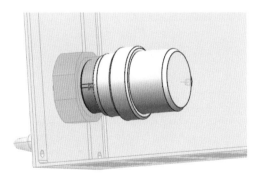

图 3-69　放置部件后

（1）单击"旋转部件" ![命令图标]命令，命令位置如图3-70所示。

（2）选定外罩端口，拖曳旋转手柄调整方向，操作流程如图3-71所示。此外，也可以在"角度"处输入相应的数值进行调整。

图 3-70 "旋转部件"命令

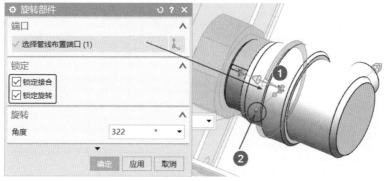

图 3-71 旋转部件

部件放置的角度，除了放置后使用旋转部件进行调整外，还可以在放置时设定合适的端口旋转角度，如图 3-72 所示。

图 3-72 放置部件时旋转部件

3.6 锁定部件

锁定部件可以检验端口连接与否，也可以用来检验部件端口是否丢失。

（1）双击"线扎1"使其为工作部件，调出"锁定部件" 命令，如图3-73所示。

图3-73 锁定部件命令

（2）单击"锁定部件" 命令，并单击"连接端口"。如图3-74所示，说明端口连接有效，也说明该电气部件端口信息完整。

图3-74 查看端口锁定情况

勾选"锁定"项下的"锁定接合"和"锁定旋转"复选框。

3.7 替换部件

在工程的实际应用中会遇到一些这样的问题：在布线过程中发现点数不够用，需要将DB9连接器换成DB15连接器；在设计时，因为某种原因，设备需要换成其他的同类设备。这时就需要用到"替换部件" 命令对原电气组件进行替换。这里以将"便携电源"替换成"电源备份版"为例进行讲解。

（1）双击"顶层组件"，使其成为工作部件。

（2）调出"替换部件"  命令，命令位置如图3-75所示。

图3-75 "替换部件"命令

（3）选中需要被替换的"便携电源"部件，如图3-76所示。

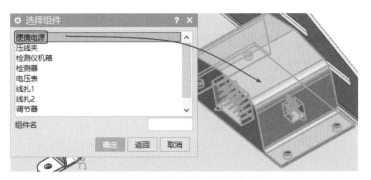

图3-76 选中对应的电气部件

（4）弹出替换组件的一些设置信息，如图3-77所示。根据实际需要进行修改设置。

（5）单击"确定"按钮，按图3-78所示的方法选择对应的事先审核定义好的电气组件——"电源备份版"。

图3-77 设置信息

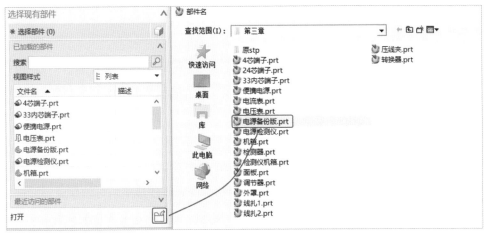

图 3-78　选择组件

（6）单击"确定"按钮，完成部件替换操作。替换前后的对照图如图3-79所示。

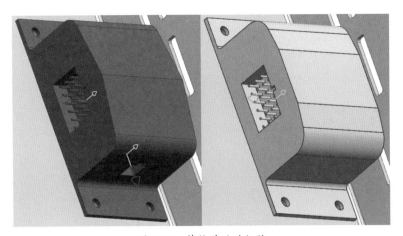

图 3-79　替换前后的组件

3.8　小结

本章作为NX CAD布线技术的关键内容，有很多细节需要注意。

（1）非电气部件的装配约束无须跟建模装配一样完全约束，当然完全约束也是极好的习惯。为了快速装配，可以采用约束与移动装配相结合的方法。

（2）在放置部件时，注意放置部件时的工作部件，确认该工作部件是不是其所属子装配组件。

（3）放置部件时弹出"WAVE链接"对话框后单击"确定"按钮，所有部件放置完后，为防止个别端口没有链接到子装配中，使用WAVE链接将该子装配所属的电气部件的端口信息链接过来。

（4）在放置部件时，由于返回修改造成电气部件端口信息丢失后，先选中该部件，调整不同引用集，再将引用集调整回来，这时端口信息可能会复现。如果端口信息没有复现，应采用"移除部件" 命令，将该部件移除，再重新放置部件。

（5）使用"旋转部件" 命令的前提是相连的端口均定义了旋转矢量。

第4章
线束路径的布置

线束路径的布置是三维布线的一个重要环节，直接影响到布线质量。要做到合理地规划布线路径，不仅需要熟练应用NX CAD软件，而且需要一定的布线工艺知识和实际工程经验。

为了尽可能多地涉及线束路径布置的知识点和兼顾工程实际要求，本章各节不参照某个工程的实际布线案例进行全部操作流程的讲解，而是以线束路径布置方法为中心进行讲解。

4.1 创建样条路径

样条路径是指将样条曲线作为线束路径的驱动曲线。

打开素材文件夹中第4章的"电源检测仪_4.prt"文件，激活布线模块，设定线束组件为工作部件，单击"样条路径" ⬀ 按钮，位置如图4-1所示。

"样条路径"对话框如图4-2所示。

图4-1　"样条路径"位置　　　　图4-2　"样条路径"对话框

下面详细讲解"样条路径"的使用方法。

4.1.1 路径点的布置方法

路径点的布置方法有三种：指定点、型材偏置点和型材偏置曲面。

- 指定点就是直接选取点。
- 型材偏置点是对某点设置偏置，通常定义成使得通过该点的线束表面与该点相切。
- 型材偏置曲面是对某曲面上某一点设置偏置，通常定义成使得通过该点的线束表面与曲面上的该点相切，与型材偏置点类似。

下面具体来讲解一下上述各方法的使用。

（1）单击"24芯端子"的多端口，弹出"快速选取"列表，选择"端口"选项，注意是选择多端口，不要选择具体的端子端口。如图4-3所示，指定多端口为起始点。

图4-3　指定起始点

选中了端口，该点就会出现在样条路径列表栏中。若不慎选错，就在"列表"框中选中该点，然后直接选中需要捕捉的端口或点。

（2）将"方法"更改为"型材偏置点"，设定偏置方向，如图4-4所示。

单击机箱表面上的某点。如果无法选取，激活捕捉过滤器中的"面上的点"。如果选取的点不太理想，可以在"列表"中选中该点，这时该点上有一个动态坐标手柄，可以拖曳坐标轴调整点的位置。调整好位置后，在列表中单击"New Point"

即可继续添加下一点，操作流程如图4-5所示。

图4-4　设定型材偏置

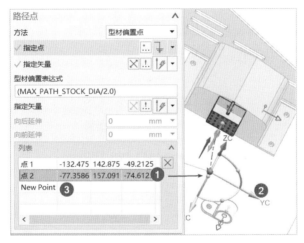

图4-5　添加型材偏置点

（3）更改路径点的方法为"指定点"，按图4-6所示添加压线夹端口为下一位置点。

（4）更改路径点的方法为"型材偏置曲面"，在机箱表面的适当位置选取一点，用动态手柄拉动到合适位置，再单击

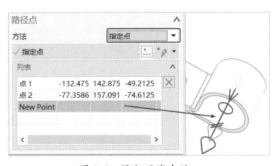

图4-6　添加压线夹端口

"指定矢量"，调整该点"向后延伸"值均为10。操作流程如图4-7所示。

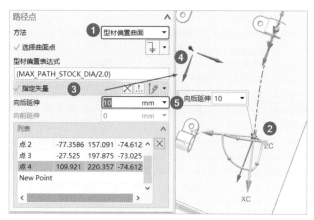

图4-7　选取偏置曲面上一点

参照图4-8进行操作，依次连接压线夹的偏置端口和转换器输入端的4芯端子的多端口，并在中间增加一个点。

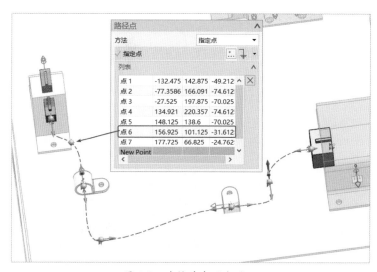

图4-8　连接其余两个端口

如果某点线束路径不是很理想，除了可以在列表中选中该点直接进行调整外，还可以调整该点的前后延伸值，如图4-9所示。

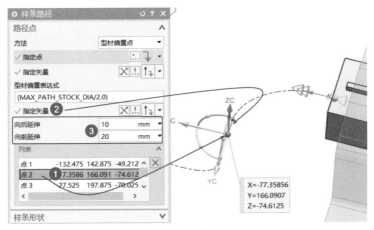

图4-9 调整样条点的前后延伸值

调整后的样条路径如图4-10所示。

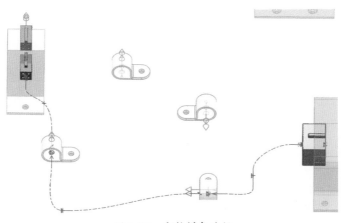

图4-10 完整样条路径

4.1.2 样条松弛余量

为了避免因为线束不够长，造成设备（器件）之间无法连接的情况发生，样条路径可以设定余量，即松弛模式。松弛模式有"移动点"和"在点之间"两种方法，如图4-11所示。

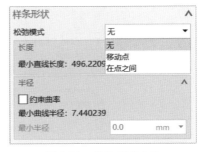

图4-11 松弛模式方法

- 移动点指设定松弛余量后，通过移动该点对样条路径增长的部分进行调整。该点只能是空间自由点，如果事先对其进行了偏置定义或者其他约束定义（比如某圆心点、平面上某点），则不能通过移动点的方法设置松弛余量。
- 在点之间指设定松弛余量后，控制点位置不变，样条各点的曲率自动相应调整，从而使得样条曲线总长发生改变。

这里介绍一下松弛长度的三种算法。

- 附加长度指在原来的基础上，直接增加多少，如果输入为负值则对应减少多少。
- 固定长度指直接设置样条的总长度。
- %附加长度跟附加长度类似，设置的增加值为总长的百分比，若设置为负值表示长度减小。

系统根据选定的松弛模式方法和松弛长度算法及其设定值，自动调整控制点的空间位置或者样条的弯曲半径，以达到新设定的长度值。

下面继续完善4.1.1小节的操作。如果在4.1.1小节中已经单击"确定"按钮，关闭了"样条路径" ☑ 按钮，双击该"样条路径" ☑ 按钮，即可激活"样条编辑"对话框，在列表框中选中"点6"。

选中"点6"后，在"松弛模式"栏选择"移动点"，"长度"栏中选取"附加长度"方法，"附加长度"值设置为10，如图4-12所示。

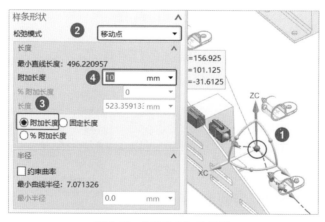

图4-12 "移动点"的设置

同样地，下面再采用另外一种松弛模式——"在点之间"进行设置。参照图 4-13 所示操作完成设置。

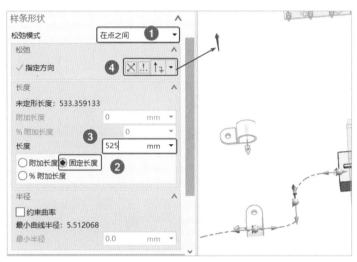

图 4-13　"在点之间"的设置

根据需要调整各点的松弛矢量方向，以便设置成需要的样条路径。

以上讲解了样条的松弛设置和长度设置，读者可以根据需要，自行对样条路径进行设置。

4.1.3　空间预留型材

空间预留型材（有时候操作界面显示为型材，有时候显示为空间预留）是一种检测空间性通过的手段。由于其显示模样类似线束，也可以作为布线者在布线时的一种直观感受，不过这并不是真正的线束。

型材的设置方法如图 4-14 所示，有首选型材、起始对象、圆形、矩形、扁平椭圆形和指定型材。

首选型材为事先定义好的型材。可以参照图 4-15 设置首选"空间预留型材"。

起始对象即自动捕捉起始点对象的型材。

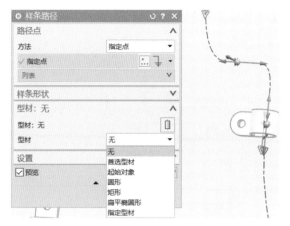

图 4-14　型材设置的方法

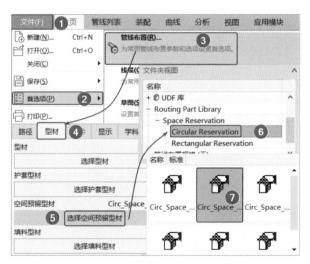

图 4-15　首选型材设置流程

下面讲解几种常见型材。首先，参照图 4-16 选择"圆形"型材。

图 4-16　设置圆形型材

设置"直径"为6，样条路径如图4-17所示。

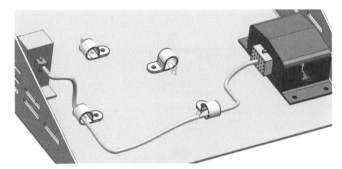

图4-17　设置圆形型材后的样条路径

值得注意的是，从图4-17中设置了型材的效果来看，虽然其看起来像电缆，但还是样条路径。

接下来，更改"型材"为"矩形"，设置"宽度"值为5，"高度"值为3，如图4-18所示。

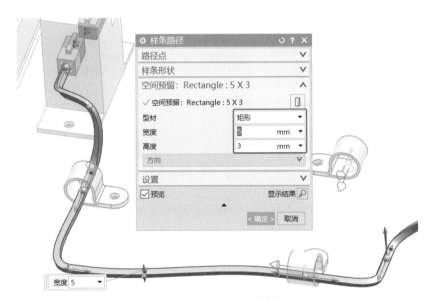

图4-18　设置矩形型材

然后，更改"型材"为"扁平椭圆形"，设置"宽度"值为6，"高度"值为3，还可以参照图4-19设置旋转角度，对型材进行旋转。

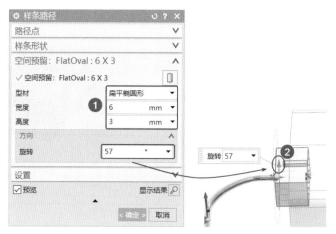

图4-19　设置扁平椭圆形型材

以上是常用的空间预留型材的使用方法。在实际应用中，"空间预留"的设定值一般依据系统和设备的通过空间大小进行相应的设置。

4.2　创建线性路径

直线段及直线段之间的拐角圆弧作为线束路径的驱动曲线，这类路径称为线性路径。为了更好地讲解线性路径的创建，新建一个"牛角排线"文件，如图4-20所示。

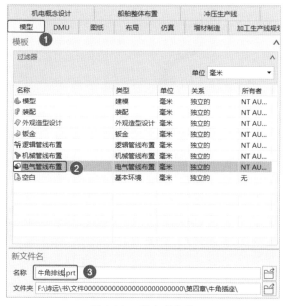

图4-20　创建新文件

由于新建的文件为电气管线布置模板，因此直接进入布线环境。接下来放置两个"牛角插座"，按图4-21所示调整相对位置。可以先通过移动的方式将两个牛角插头重合在一起，然后在各方向上移动一定的距离。

调整好部件的相对位置后，单击"创建线性路径" 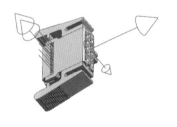按钮，弹出窗口，如图4-22所示。

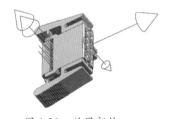

图4-21   放置部件

图4-22   "创建线性路径"窗口

"线性路径"与"样条路径"的创建命令基本一致，因此本节有些相似内容不再赘述。

4.2.1   路径点的布置方法

路径点的布置方法如图4-23所示，比样条路径多了几种方法。

指定点、型材偏置点和型材偏置曲面参考4.1.1小节的释义。

图4-23   路径点的布置方法

- 动态轴指创建点时有个动态坐标手柄，可以通过拉动手柄向三个正交方向移动。
- 平行于轴指创建下一个点时形成的直线与某个参考轴平行。

- 查看X或Y指创建的下一个点形成的直线在视觉所在平面（眼睛看到的界面，与软件的坐标系没有关系）的水平或竖直方向上。
- 查看X和Y指创建的下一个点形成的直线在视觉所在平的面上（眼睛看到的界面，与软件的坐标系没有关系）分为水平和竖直两个直线段。
- 偏心分支点指创建的点与参考点不重合，而是有一个分开的偏置距离。

下面来简单讲解一下上述方法的使用。

（1）采用"指定点"的方法，指定"牛角插头"端口1为起始点，如图4-24所示。

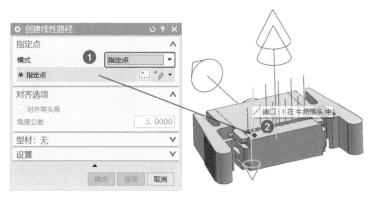

图4-24　指定起始点

（2）更改指定点的模式为"动态轴"，单击"XC"方向箭头，输入距离值50，如图4-25所示。这里也可以直接拉动"XC"方向箭头。

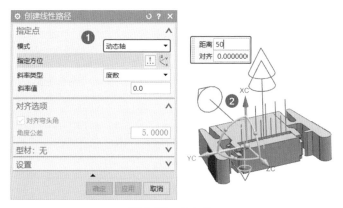

图4-25　动态轴

（3）更改指定点的模式为"平行于轴"，选定"XC"作为参考矢量，输入偏置值或者拉动箭头进行偏置值的调整，如图4-26所示。

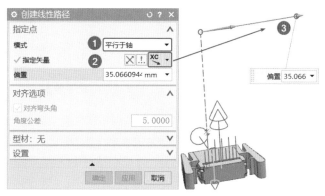

图4-26 平行于轴

（4）更改指定点的模式为"查看X或Y"，拖曳鼠标指针向上移动，创建的点就在竖直方向上，如图4-27所示。此外，也可以捕捉一个已有的点作为参考。

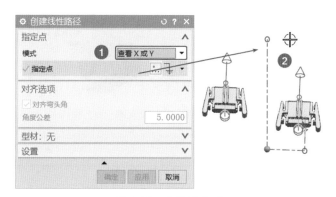

图4-27 查看X或Y

（5）更改指定点的模式为"查看X和Y"，拖曳鼠标指针向右上移动，创建的点就在右上方，从而形成两个直线段，如图4-28所示。此外，也可以捕捉一个已有的点作为参考。

（6）更改指定点的模式为"偏心分支点"，选中某点，选定矢量后移动箭头或输入数字就可以创建偏心分支点，如图4-29所示。偏心分支点跟型材偏置点类似，都是将点偏移。

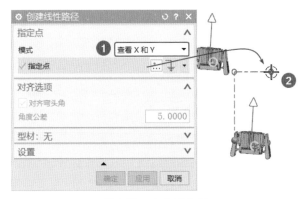

图 4-28　查看 X 和 Y

图 4-29　偏心分支点

4.2.2　创建线性路径的设置

由于线性路径与样条路径创建方法基本类似，相似内容可以参考样条路径的设置，这里不再赘述。下面讲解一下指派拐角的设置，"设置"命令如图4-30所示。

图 4-30　设置

- 指派默认拐角指创建的下一个点形成的直线与之前直线的交汇处形成一个拐角（圆角）。这个拐角可以事先设定好，也可以先大致设置，后面再进行修改。
- 锁定到选定的对象、锁定长度和锁定角是限制编辑而定义的属性。

在首选项中设置拐角。读者可以根据实际需要参照图4-31进行操作。

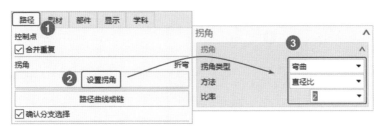

图4-31　设置拐角

4.3　修复路径

修复路径是一种最直接、最简单的线束路径创建方法——设定起点和终点就可以马上生成路径。

单击"修复路径"命令，弹出图4-32所示的对话框。

下面还是采用4.2节中的"牛角排线"文件，再往其中放置一个牛角插头，排列成图4-33所示的相对位置。

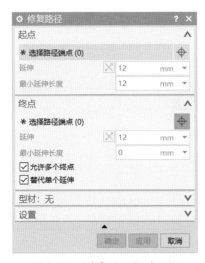

图4-32　"修复路径"对话框

图4-33　模型准备

（1）单击"修复路径"命令，勾选"允许多个终点"复选框，如图4-34所示，分别选定起点和两个终点。

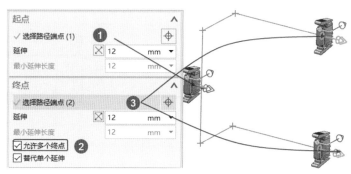

图4-34 设定起点和终点

（2）修改"设置"栏下"方法"为"XC ZC YC"，然后设定"生成"的路径方式为"样条"，参照图4-35进行操作。

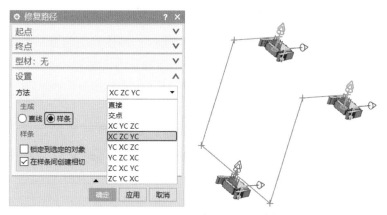

图4-35 设置路径走向和路径样式

单击"确定"按钮即可生成两条样条曲线。为了视觉效果更好，对创建路径的型材设置为"扁平椭圆形"，"宽度"为15，"高度"为2，效果图如图4-36所示。

同样地，也可以创建线性修复路径，设定为"圆形"材质，"直径"为6，效果如图4-37所示。

修复路径可以快速布置路径，是三维布线中非常实用的功能。

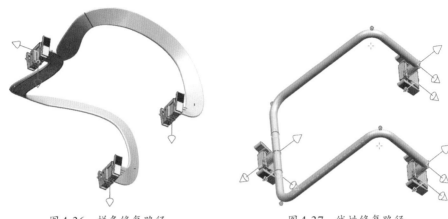

图4-36 样条修复路径   图4-37 线性修复路径

4.4 变换路径

变换路径是一种移动和复制路径的方法。下面讲解一下该命令的使用方法。

（1）创建修复路径。单击"修复路径" 命令，参照图4-38所示的步骤，依次设置样条方法、型材，分别选择牛角插头端口1作为起点和终点。

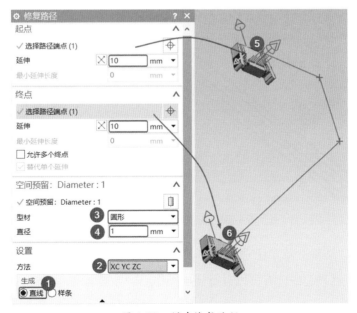

图4-38 创建修复路径

（2）单击"变换路径" 按钮，注意只选择上面建立的路径，设定"运动"的方式为"点到点"，在"结果"菜单中选中"复制原先的"，"副本数"为4，如图4-39所示。

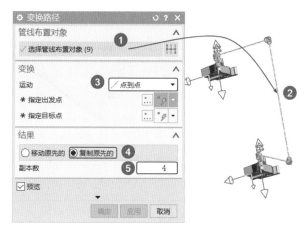

图4-39　"变换路径"设置

（3）设定"运动"的"指定出发点"为端口1，"指定目标点"为端口2，效果如图4-40所示。

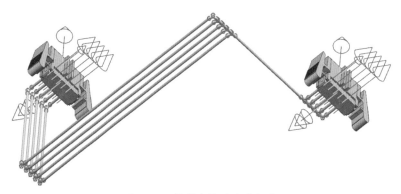

图4-40　复制变换后的路径集

如果在"结果"菜单中选中"移动原先的"，则选中的路径将会从端口1移动到端口2。感兴趣的读者可以自行完成操作。

4.5 平行偏置路径

平行偏置路径是一种对线性路径偏置复制的方法。下面简单地讲解一下平行偏置的使用。

参照图4-41绘制两条简单的线性路径，设置空间预留型材的"直径"为6。

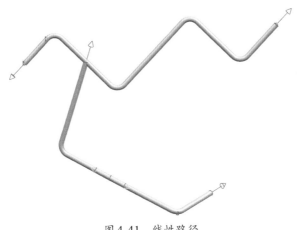

图4-41　线性路径

单击"平行偏置路径" 命令，弹出的对话框如图4-42所示。

平行偏置的选取方法有四种，分别是标准 、路径 、分支 和管线布置 。

- "标准"选取方法，可以选取任意分段路径进行平行偏置。

- "路径"选取方法，只需选取首尾两个小分段就可以选中整个路径。

图4-42　"平行偏置路径"对话框

- "分支"选取方法，只需选取一个小分段就可以选取整个分支路径。

- "管线布置"选取方法，只需选取一个小分段就可以选取整个路径（包含分支路径），这里的路径应共面，不然无法平行偏置——系统无法选定参考平面做平行偏置。

下面采用"路径"选取方法选取一条路径，按图4-43所示创建矩形偏置。

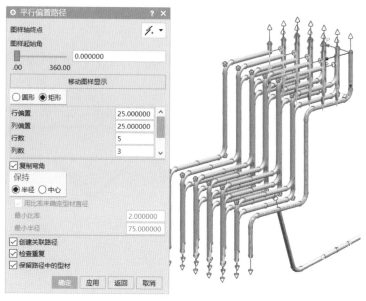

图4-43　矩形偏置

再采用"分支"选取方法选取一条分支路径,按图4-44所示创建圆形偏置。

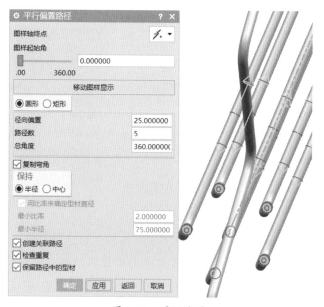

图4-44　圆形偏置

在实际使用过程中，应用该方法可以对相似路径进行批量布置，快速实现三维电气布线。

4.6　相连曲线

相连曲线可以把没有在布线模块中定义的普通曲线变成线束路径曲线。

单击"曲线"主菜单，选择该菜单下的"直线"命令▢、"圆弧/圆"命令▢和"艺术样条"命令▢绘制一条简单的曲线，如图4-45所示。

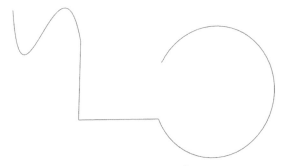

图 4-45　绘制曲线

然后单击"相连曲线"▢命令，框选所有曲线，如图4-46所示。

图 4-46　相连曲线

单击"确定"按钮，完成相连曲线操作，如图4-47所示。可以看到，不同曲线的相连部分较之前的曲线多了控制点特征，即由空间曲线变成了线束路径曲线。

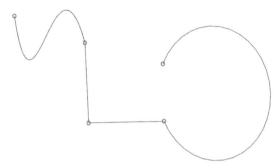

图4-47　空间曲线变成路径曲线

在系统布线时，可以先借助系统设备、结构件等模型的棱边外形投影或偏置成空间曲线，然后再对该曲线使用"相连曲线" 命令，使其变成路径曲线，从而提高布线的效率。

4.7　路径编辑

定义好的路径如需要修改，可以对其进行编辑。

4.7.1　删除

线束路径的编辑有两种命令，分别是"删除管线布置对象" 和"删除" 。

- 删除管线布置对象是对布线路径（段）进行删除。
- 删除则不局限于管线布置对象，而是对所有对象都有效。

图4-48中的序号①处为"删除管线布置对象"对话框，序号②处为"删除"对话框。

图4-48　两种命令的对话框

不管是用哪种方法，都可以实现对路径的删除，如删除图4-49中高亮部分的小分段。

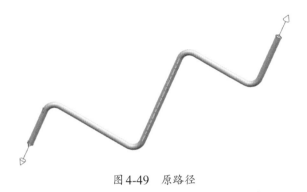

图4-49　原路径

删除高亮部分后的路径如图4-50所示。可以看到，剩余部分自动添加端口连接属性，变成两个独立的路径。

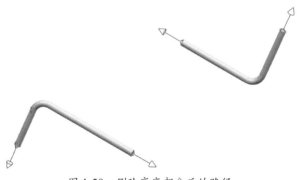

图4-50　删除高亮部分后的路径

4.7.2　编辑线段

NX CAD中有个专门的"编辑线段" 命令，单击后弹出的对话框如图4-51所示。但该命令仅用于编辑直线段的长度。此外，双击某直线段，也会弹出"编辑线段"对话框。

双击路径拐角，弹出"空间预留"对话框，如图4-52所示，可以在其中修改型材。

图4-51 "编辑线段"对话框

图4-52 "空间预留"对话框

双击样条路径,弹出"样条路径"对话框,如图4-53所示,可以在其中修改样条控制点和空间预留型材。

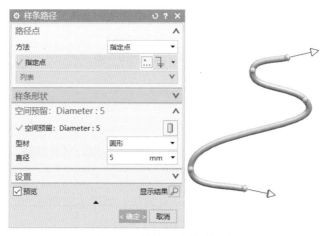

图4-53 "样条路径"对话框

4.7.3 细分段

细分段是将分段路径切断，使原来的路径段变成多个小分段，路径长度和形状不会发生太大改变。使用了"细分段"⊞命令的路径段，从外观上看像是单纯增加了控制点，不过这里新增的控制点为各个小分段的端点。

如图4-54所示，细分段有在点上、等分段和弧长段数三种方法。由于细分段比较容易理解，操作方法也比较简单，这里选取一种方法讲解操作流程。

图4-54 细分段命令

选择"等分段"方法，选取一个路径，按图4-55所示步骤进行操作。

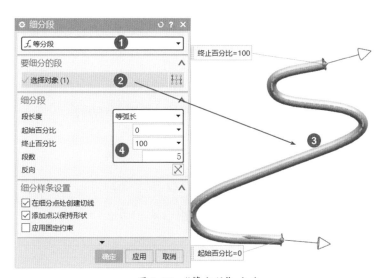

图4-55 "等分段"方法

单击"确定"按钮，该样条路径即细分为5段，细分后的路径如图4-56所示。

细分段是一个非常实用的功能。比如，当需要调整一个已经布置好的样条路径的形状时，如果单独针对样条中的某个点进行移动，会牵扯样条形状发生较大改变，这时可以通过"细分段"⊞命令在样条路径上增加一个控制点，然后通过调整该点的位置，达到改变样条路径局部形状的目的。

123

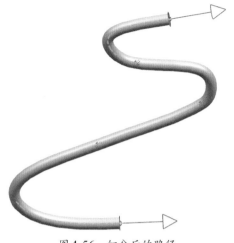

图 4-56 细分后的路径

4.7.4 简化路径

简化路径即减少分段，将多个分段连接成一个较长的路径段。该命令与"细分段"相对。

接下来，对上一节细分的路径段进行简化处理。

单击"简化路径" 命令，框选整个路径，如图 4-57 所示。

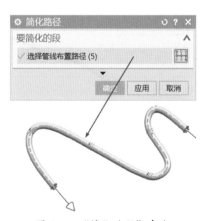

图 4-57 "简化路径"命令

单击"确定"按钮即可完成路径简化操作，简化后的路径如图 4-58 所示。

由图可以看出，细分点被删除，样条路径变回最初的状态。

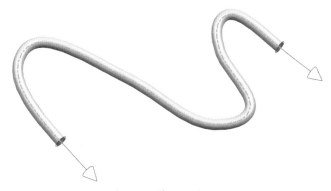

图 4-58　简化后的路径

4.7.5　编辑型材偏置点

编辑型材偏置点可以对已经定义的型材偏置点进行编辑，也可以对没有进行型材偏置定义的点添加型材偏置属性。

为了更好地讲解这个知识点，先绘制一条样条路径，如图4-59所示。路径某两点（为便于观察，至少有两点）在机箱外表面上，设置型材为"圆形"，直径为5。

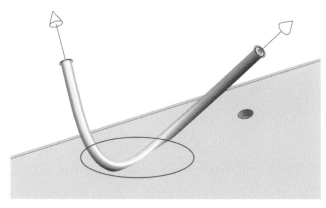

图 4-59　绘制样条路径

可以看出，该样条有两点在机箱外表面上，样条路径型材与机箱明显干涉。

单击"编辑型材偏置点" ⚏命令，在"点设置"栏的"方法"下拉列表中选择"型材偏置曲面"，其余参照图4-60所示进行设置。

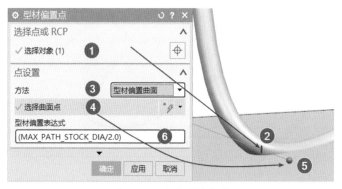

图4-60 设置型材偏置

同样地，再对另外一点进行型材偏置设置。

设置完两点的型材偏置后，效果如图4-61所示，明显看出路径与机箱表面干涉情况大有改善。

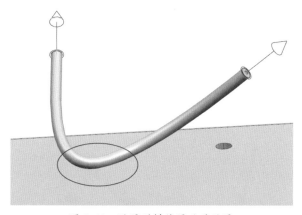

图4-61 设置型材偏置后的效果

再双击该样条路径，在列表中选中"点2"，可以看出其已增加型材偏置定义，如图4-62所示。

读者可以参照图4-62再单击列表中的"点3"，自行确认先前定义的偏置特性是否已经更改到该样条路径"点3"上。为了更好地调整样条路径，使其与机箱表面不再干涉，分别对"点2"和"点3"选定合适的矢量参考方向，并设置适当的前后延伸值。

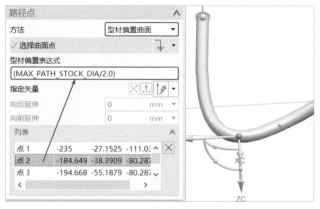

图 4-62 "点 2"新增型材偏置特性

如图4-63所示，设置前后延伸后，样条路径已与机箱表面相切，不再干涉。

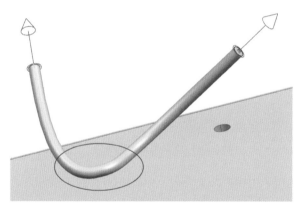

图 4-63 编辑点的前后延伸

4.7.6 连接路径

连接路径就是将路径连接起来。在绘制路径时，为了将多条路径连接在一起，可以使用"连接路径"命令。

为了简单直观地讲解路径连接，这里将需要连接的点放置在同一个平面上（不同平面的点在空间中的相互距离不易控制）。

（1）以机箱表面作为辅助平面，绘制图4-64所示的多条路径。

（2）单击"连接路径"命令，选择4个控制点，"公差"输入12，如图4-65所示。

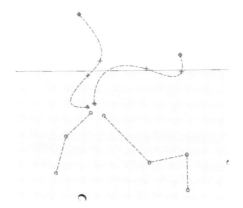

图 4-64　绘制空间路径曲线

图 4-65　设置连接路径

（3）单击"显示结果"按钮进行预览。如图 4-66 所示，其中 3 条路径已经连接在一起。

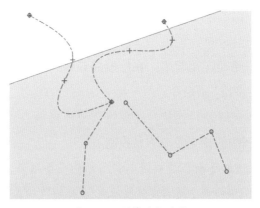

图 4-66　预览路径连接

（4）单击"撤销结果"按钮，修改公差为15，再单击"显示结果"按钮进行预
　　览，发现4条路径已经连接在一起，如图4-67所示。

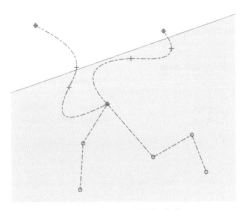

图4-67　路径连接完成

由上述操作发现，路径连接是否成功跟设定的公差有关。

4.7.7　指派拐角

NX CAD中线性路径的拐角生成方法，除了可以通过默认设置自动添加外，
布线模块还提供了一个专门的"指派拐角"命令。下面简单讲解一下"指派拐
角"命令的使用。

（1）绘制几条线性路径，并设置空间预留，如图4-68所示。

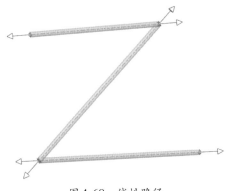

图4-68　线性路径

（2）单击"主页"主菜单下"路径"命令组中的"更多"，展开后单击"指派拐

角" 命令，如图4-69所示。

图4-69 "指派拐角"命令位置

（3）选择管线布置对象为线性路径相交的控制点（可以框选该点的所在区域），
指定"拐角类型"为"弯曲"，"方法"为"半径"，输入"半径"值为10，
如图4-70所示。

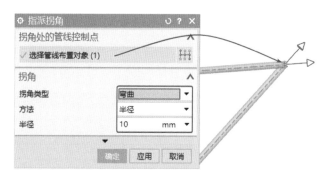

图4-70 设置指派拐角

（4）单击"确定"按钮，拐角指派完成，
如图4-71所示。

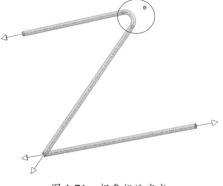

图4-71 拐角指派完成

（5）设定另外一种拐角类型"斜接弯曲"，指派另一拐角，如图4-72所示。

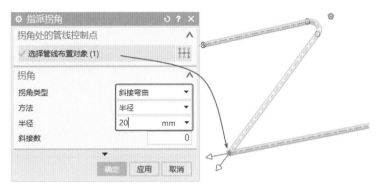

图4-72　指派另一拐角

（6）单击"确定"按钮查看拐角指派情况，如图4-73所示。

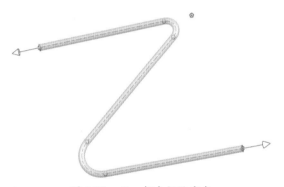

图4-73　另一拐角指派完成

以上为拐角的常规设置方法。如果需要修改拐角，重复上述操作，选取需要更改的拐角交点，重新编辑拐角值即可；也可以直接删除拐角圆弧，然后再重新指派拐角。

4.8　小结

线束路径在三维布线操作中是至关重要的，其不仅决定路径的走向，还决定着线束布置的成功。在管线布置时，对于已经绘制好的相连路径却无法进行管线布置，有下面几点路径设置相关的原因。

（1）过多的选择项造成了在路径选取点时误选了其他点。

（2）样条路径拐弯半径违例，导致无法生成电线实体。

（3）修改或删除路径时，误删电气部件端口。

大型、复杂的电气系统，往往会对避免噪声、抑制静电和电磁兼容等有一定要求。因此，对要求较高的系统进行三维布线时，其路径规划最好与通过CAE软件对电磁兼容性等分析得出的结果相符合。

第5章
电气数据

电气数据分为两类：电气逻辑数据和电气物理数据。电气逻辑数据是指电气原理图中的逻辑电性参数数据；电气物理数据是指外部物理连接关系数据。本书所提到的电气（连接）数据在非注明时，均指电气物理数据。

5.1 概述

电气布线的逻辑数据来源有很多种：各种原理图软件、电子接线表，甚至一张草图。无论电气逻辑数据来源是怎样的格式或者形式，要完成三维电气布线，都必须将其转换为电气物理数据。

绘制电气原理图的软件很多，比如CAPITAL、AutoCAD Electrical、Altium Designer、Cadence、PADS、Eplan、Elecworks、SEE Electrical等。NX CAD支持的电气连接数据格式有plmxml、hrn、cmp。如果电气数据的格式为一张电子接线表，如常见的Excel电子表格，则需要先将其转换为csv格式再将文件导入NX CAD中。在NX CAD三维布线中，电气数据又分为电气连接数据和电气组件数据，其分别在不同导航器中进行导入和设置。两类电气数据导航器如图5-1所示。

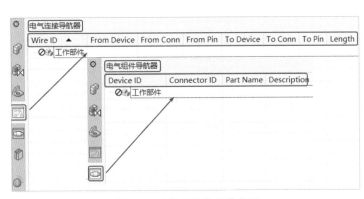

图5-1 两类电气数据导航器

5.2 电气数据格式

NX CAD 提供了多种数据的导入（导出）方式，如需交换电气数据，需要将对应的数据格式转换成 plmxml 或 cmp 或 hrn。其中，plmxml 数据格式包含了电气组件和电线连接信息；cmp 数据格式包含电气组件信息；hrn 数据格式包含电线连接信息，也涵盖组件信息。由于 hrn 数据格式信息内涵丰富，可读性强且易于编辑，因此本书在非注明时，均以该数据格式进行导入（导出）。

NX CAD 支持的电气数据格式如图 5-2 所示，有 Example、Minimal、UG/Schematics、LCable、LCable_BA、UG/Harness 和 Promis-E。不同数据格式的属性数目和属性顺序不同。如需导入或导出电气数据时，要注意选择相应的数据格式。

Example 格式为 NX CAD 默认的数据交换格式，涵盖了电线名称、电线走向、材质、长度、所属线束和备注等信息，含义较为丰富。该格式的内涵和示例如图 5-3 所示。

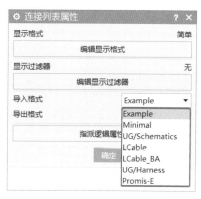

图 5-2　NX CAD 支持的电气数据格式

```
Connection List File Format = Example
Type = comma_delimited
unique_id, string
from_comp, string
from_conn, string
from_port, string
to_comp, string
to_conn, string
to_port, string
gauge, real
type, string
color, string
length, real
cut_length, real
fabrication, string
description, string
! -----------------------------------------------------
W6,DM,DMC,A,CB,CBC,B,39,TWP,BROWN,187.559,211.315,HARNESS,brown
motor to board
```

图 5-3　Example 格式的内涵与示例

Minimal 格式较为简洁，涵盖了电线名称、电线走向和线径等信息。该格式的内涵和示例如图 5-4 所示。

UG/Schematics格式较为简洁，涵盖了电线名称、电线走向、线材信息和备注等信息。该格式的内涵和示例如图5-5所示。

```
Connection List File Format = Minimal
Type = comma_delimited
unique_id, string
from_comp, string
from_conn, string
from_port, string
to_comp, string
to_conn, string
to_port, string
od, real
! -------------------------------------
W6,DM,DMC,A,CB,CBC,B,1.021
```

图5-4　Minimal格式的内涵与示例

```
Connection List File Format = UG/Schematics
Type = comma_delimited
unique_id, string
from_comp, string
from_port, string
to_comp, string
to_port, string
gauge, real
color, string
length, real
cut_length, real
fabrication, string
type, string
w_spec, string
description, string
! -------------------------------------
W6,DM,A,CB,B,39,BROWN,187.559,211.315,HARNESS,TWP,,brown motor to
board
```

图5-5　UG/Schematics格式的内涵与示例

LCable格式涵盖了电线名称、电线走向、材质、长度、所属线束、颜色和信号定义等信息，含义较为丰富，并且包含了线径信息。该格式的内涵和示例如图5-6所示。由于其包含了三维布线在定义电线连接时需要的主要数据，故本书推荐将该电气数据格式作为导入或导出的首选格式。

```
Connection List File Format = LCable
Type = comma_delimited
unique_id, string
from_comp, string
from_conn, string
from_port, string
to_comp, string
to_conn, string
to_port, string
gauge, real
type, string
od, real
length, real
cut_length, real
fabrication, string
color, string
signal, string
! -------------------------------------
W6,DM,DMC,A,CB,CBC,B,39,TWP,1.021,187.559,211.315,HARNESS,BROWN,
```

图5-6　LCable格式的内涵与示例

LCable_BA格式是LCable格式的极简版，仅包含电线名称和长度信息。该格式的内涵和示例如图5-7所示。

```
Connection List File Format = LCable_BA
Type = comma_delimited
unique_id, string
length, real
cut_length, real
! ----------------------------------------------------
W6,187.559,211.315
```

图 5-7　LCable_BA 格式的内涵与示例

UG/Harness格式涵盖了电线名称、电线走向、材质、长度、所属线束、颜色和备注等信息，含义较为丰富。该格式的内涵和示例如图5-8所示。

```
Connection List File Format = UG/Harness
Type = comma_delimited
system_level, string
wire_loc, string
unique_id, string
from_conn, string
from_port, string
to_conn, string
to_port, string
gauge, real
color, string
length, real
fabrication, string
type, string
w_spec, string
description, string
! ----------------------------------------------------
,,W6,DMC,A,CBC,B,39,BROWN,187.559,HARNESS,TWP,,brown motor to board
```

图 5-8　UG/Harness 格式的内涵与示例

Promis-E格式涵盖了电线名称、材质和电线走向等信息，含义较为丰富。该格式的内涵和示例如图5-9所示。

```
Connection List File Format = Promis-E
Type = comma_delimited
unique_id, string
type, string
gauge, real
from_comp, string
from_port, string
to_comp, string
to_port, string
! ----------------------------------------------------
W6,TWP,39,DM,A,CB,B
```

图 5-9　Promis-E 格式的内涵与示例

5.2.1　编辑数据显示格式

电气连接数据一般内涵丰富，根据使用者的不同需求，需要设置的参数也不尽相同。在工程应用上，三维布线所需的最基本的信息就是电线走向、电线长度等信息。为了让用户可以有针对性地查阅和处理电气数据，NX CAD对数据在导航器中属性的显示定义了几种不同的数据显示格式，分别为UG/Harness、Full、Simple和Smart。不同数据格式显示的信息量不同，其中默认为Simple格式，该格式筛选出了含有布线所需要的、既简洁又较完整的信息。

如果上述几种数据显示格式不能满足用户的使用需求，用户还可以对某格式重新设置，增减其包含的信息类别。这里以Simple格式为例，增加颜色（Color）和材质（Type）两种属性。

（1）单击"电气连接导航器" 按钮，进入电气连接设计环境。

（2）在电气连接设计环境的空白处右键单击并在弹出的快捷菜单中选择"属性"，然后在弹出的"连接列表属性"对话框中单击"编辑显示格式"按钮。操作流程如图5-10所示。

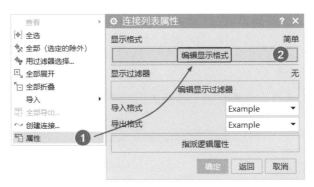

图 5-10　编辑显示属性1

（3）选中"Simple"格式，再单击"编辑"按钮，如图5-11所示。

图 5-11　编辑显示属性2

（4）参照图5-12，填写颜色（Color）信息。

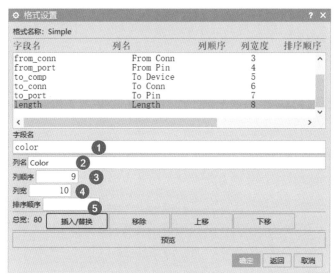

图5-12　增加颜色（Color）属性信息

（5）查看新增的颜色（Color）属性。由图5-13序号①处显示的信息，可以确定颜色（Color）属性已设置成功。参照图5-13序号②，新增材质（Type）属性。

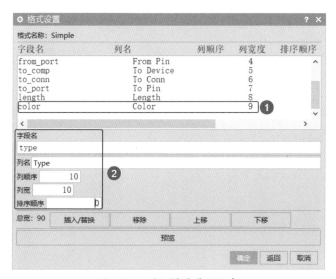

图5-13　增加材质属性信息

（6）根据需要调整属性显示顺序。编辑后的"Simple"格式显示信息列表表头，
　　如图5-14所示。

图5-14　编辑后的Simple格式

5.2.2　创建新的数据显示格式

用户除了可以选用和编辑NX CAD提供的几种数据显示格式外，还可以创建新的显示格式。这里以创建Shiyuan格式为例，讲解创建新格式的具体方法。

（1）在电气环境中的空白处右键单击并在弹出的快捷菜单中选择"属性"，然后
　　在弹出的"连接列表属性"对话框中单击"编辑显示格式"按钮。

（2）在弹出的"定义格式"对话框中的"格式名"中输入"Shiyuan"，然后单击
　　"创建"按钮，如图5-15所示。

图5-15　创建Shiyuan格式

（3）参照其他格式定义需要的属性，这里将列名改为习惯的中文，如图5-16所示。

图5-16   创建Shiyuan格式内的信息类别

值得一提的是，在创建信息类别时，字段名为NX CAD软件内部定义的参数，不允许更改，否则该项数据无法调出。

（4）设定显示格式为新建的Shiyuan格式，更改后的效果如图5-17所示。

图5-17   Shiyuan格式显示

（5）保存新建的显示格式备用。重复步骤
（1），将其他格式全部删除，然后将新格
式导出，并保存文件名为Shiyuan.fmt。操
作方法如图5-18所示。

以后如果需要修改格式，就重复步骤（1），
单击"导入"按钮，将该格式设定为显示格
式即可。

同样地，部件导航器中也可以参照电气
导航器创建新的显示格式，操作完全一致，
这里不再赘述，有兴趣的读者可以自行新建。

图5-18   将Shiyuan格式导出另存

5.3　电气数据导入与导出

　　将电气数据导入NX CAD三维布线模块中进行布线设计，能大大提高布线效率和布线的正确性。电气数据导入有三种方法，如图5-19所示，分别是更新、合并和附加。

　　值得注意的是，在导入数据时，针对不同的数据格式需要选择与之对应的数据格式。本节直接采用NX CAD默认的Example格式进行操作。

图5-19　电气数据导入方法

5.3.1　附加导入

　　附加就是将该电气数据添加到电气连接中。将"便携电源"的连接数据添加进来，操作流程如下。

（1）在电气连接导航器空白处单击右键，在弹出的快捷菜单中依次选择"导入"和"附加"，然后找到所需的电气数据，单击"OK"按钮，如图5-20所示。

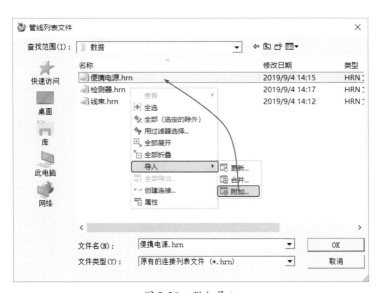

图5-20　附加导入

（2）查看电气连接数据，如图5-21所示。

Wire ID	From Device	From Conn	From Pin	To Device	To Conn	To Pin	Type	Color	Length
— 工作...									
— WS...									
— W. 便携电源	电源OUT	1	转换器	转换IN	1	AF	红	468.432000
— W. 便携电源	电源OUT	8	检测器	检测J5	2	AF	黑	378.523000
— W. 便携电源	电源OUT	4	转换器	转换IN	4	AF	灰	468.432000
— W. 便携电源	电源OUT	12	电压表2	电压表2	3	AF	黑	683.198000
— W. 便携电源	电源OUT	7	检测器	检测J5	1	AF	红	378.523000
— W. 便携电源	电源OUT	9	检测器	检测J5	3	AF	黄	378.523000
— W. 便携电源	电源OUT	10	检测器	检测J5	4	AF	灰	378.523000
— W. 便携电源	电源OUT	3	转换器	转换IN	3	AF	黄	468.432000
— W. 便携电源	电源OUT	2	转换器	转换IN	2	AF	黑	468.432000
— W. 便携电源	电源OUT	11	电压表2	电压表2	1	AF	红	683.198000

图 5-21　附加导入的电气数据

5.3.2　合并导入

电气布线时，电气数据不一定一开始就是完整的数据，或者说，在电气原理设计时就同步开展布线工作了。下面将"检测器"数据合并导入进来，具体步骤如下。

（1）接着5.3.1小节继续操作，选择导入方式为"合并"，并选择"检测器.hrn"，单击"OK"按钮，如图5-22所示。

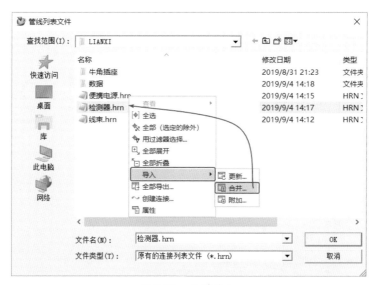

图 5-22　合并导入

（2）新的电气连接数据显示如图5-23所示。

由图5-23可知，在原电气连接数据后面出现了新导入的电气连接数据。

Wire ID	From D... ▲	From Conn	From Pin	To Device	To Conn	To Pin	Type	Color	Length
— ⊘ 工作...									
— ⊘ WS...									
⊘一 W. 便携电源	电源OUT	4	转换器	转换IN	4		AF	灰	468.432000
⊘一 W. 便携电源	电源OUT	7	检测器	检测J5	1		AF	红	378.523000
⊘一 W. 便携电源	电源OUT	8	检测器	检测J5	4		AF	黑	378.523000
⊘一 W. 便携电源	电源OUT	10	检测器	检测J5	4		AF	灰	378.523000
⊘一 W. 便携电源	电源OUT	2	转换器	转换IN	2		AF	黑	468.432000
⊘一 W. 便携电源	电源OUT	1	转换器	转换IN	1		AF	红	468.432000
⊘一 W. 便携电源	电源OUT	12	电压表2	电压表2	3		AF	黑	683.198000
⊘一 W. 便携电源	电源OUT	3	转换器	转换IN	3		AF	黄	468.432000
⊘一 W. 便携电源	电源OUT	9	检测器	检测J5	3		AF	黄	378.523000
⊘一 W. 便携电源	电源OUT	11	电压表2	电压表2	1		AF	红	683.198000
⊘一 W. 检测器	检测J8	4	电流表	电流表	4		AF	灰	937.564000
⊘一 W. 检测器	检测J3	4	电压表1	电压表1	4		AF	灰	992.584000
⊘一 W. 检测器	检测J3	3	电压表1	电压表1	3		AF	黄	992.584000
⊘一 W. 检测器	检测J8	2	电流表	电流表	2		AF	黑	937.564000
⊘一 W. 检测器	检测J3	1	电压表1	电压表1	1		AF	红	992.584000
⊘一 W. 检测器	检测J8	3	电流表	电流表	3		AF	黄	937.564000

图 5-23　合并导入的电气数据

5.3.3　更新导入

更新电气数据，本质上来说是删除原有数据，将导入的数据作为电气连接的新数据。

电气数据如果有修改，或者说，拿到了最新的、完整的电气数据之后就可以使用更新电气数据这一命令。可以参照图5-24所示的流程，选中需要的电气数据进行更新。

图 5-24　更新导入

5.3.4 数据导出

为了便于数据的交换，可以将电气数据全部或部分导出。在电气连接数据导入时需要确定其对应的格式，导出数据时也应如此。这里以LCable格式为例进行导出。

（1）右键单击电气数据导航器的空白处，在弹出的快捷菜单中选择"属性"。

（2）设置导出的格式为LCable格式，如图5-25所示。

（3）右键单击电气数据导航器的空白处，选择"全部导出"，再保存数据，如图5-26所示。

图 5-25 设置导出格式

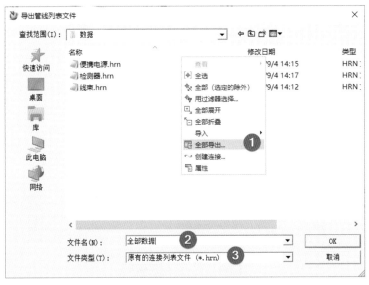

图 5-26 导出全部数据

导出的数据可以发送给其他协同设计人员进行查阅和校对，以确保数据的正确性和完整性。导出的数据如图5-27所示。

```
to_comp, string
to_conn, string
to_port, string
gauge, real
type, string
od, real
length, real
cut_length, real
fabrication, string
color, string
signal, string
! -------------------------------------------------------
XH11,监测箱,JC06,3,记录箱,JL06,3,12,AWG,2.05,2005.79,2211.37,信号线束,BROWN,信号
XH06,控制箱,KZ08,3,记录箱,JL05,4,12,AWG,2.05,3322.87,3660.16,信号线束,BLUE,信号
XH07,控制箱,KZ08,2,记录箱,JL05,3,12,AWG,2.05,3322.87,3660.16,信号线束,BROWN,信号
XH04,控制箱,KZ02,4,监测箱,JC05,1,12,AWG,2.05,1774.01,1956.41,信号线束,WHITE,信号
XH08,控制箱,KZ08,4,记录箱,JL05,1,12,AWG,2.05,3322.87,3660.16,信号线束,WHITE,信号
XH02,控制箱,KZ02,3,监测箱,JC05,4,12,AWG,2.05,1774.01,1956.41,信号线束,BLUE,信号
```

图 5-27 导出的数据

5.4 建立电气数据

NX CAD 三维布线中除了可以导入电气数据外，还可以通过创建连接向导自
行建立电气数据。

5.4.1 利用连接向导创建数据

右键单击电气连接导航器中的空白处，在弹出的快捷菜单中选择"创建连
接"就可以建立电气数据。在 5.2.3 小节中创建了新的显示格式——Shiyuan，下面
看一下 Shiyuan 和 Simple 两种不同的显示格式的电气连接向导界面的异同。图 5-28

图 5-28 Shiyuan 格式

所示为Shiyuan格式，图5-29所示为Simple格式。

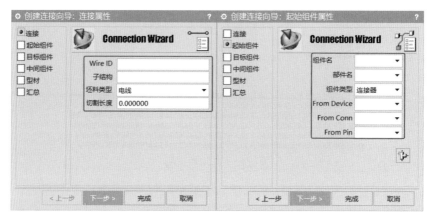

图5-29　Simple格式

比较两种不同显示格式下的创建连接向导发现，Shiyuan格式下中文定义的一些信息出现在操作界面上。如果习惯使用NX CAD中文版，显然新的Shiyuan格式更适合。当然，读者也可以根据需要调整列名，使其更符合具体的需求，比如"From Device"在Shiyuan格式中显示为"始端设备"，读者也可以将其调整成"起始组件"。

由于每个读者的需求有一定的差异，为了避免因为显示界面的不同而影响本节知识点的学习，接下来设定Simple格式为显示格式，在该格式环境下，以表5-1内容为例创建电气连接。

表5-1　电气连接表（部分）

序号	电缆名称	电线名称	始端设备	始端端口	始端脚号	始端类型	末端设备	末端端口	末端脚号	末端类型	材质	颜色	长度
1	WS01	WS01-1	便携电源	电源OUT	1	24芯端子	转换器	转换IN	1	4芯端子	AF	红	
2		WS01-2	便携电源	电源OUT	2	24芯端子	转换器	转换IN	2	4芯端子	AF	黑	
3		WS01-3	便携电源	电源OUT	3	24芯端子	转换器	转换IN	3	4芯端子	AF	黄	
4		WS01-4	便携电源	电源OUT	4	24芯端子	转换器	转换IN	4	4芯端子	AF	灰	

在开始创建电气连接之前，先参照图5-16确认一下该接线表项目对应的英文属性定义。

下面打开第5章素材文件夹中的"电源检测仪_5.prt"文件，以创建电缆WS01中的电线WS01-1为例，详细讲解创建流程。

（1）在电气连接导航器环境中的空白处，右键单击并在弹出的快捷菜单中选择"创建连接" 命令，在弹出的"创建连接向导：连接属性"对话框中，读者可以参照图5-30进行操作。

图5-30　创建连接

（2）单击"下一步"按钮，完善起始组件信息，如图5-31所示。选中"便携电源"上的"24芯端子"，在"Conn"栏目中输入"电源OUT"——代表起始端口的定义；在"Pin"栏目中输入"1"或者在下拉列表中选中"1"——代表起始脚号（终端）的定义。

（3）单击"下一步"按钮，完善目标组件信息，如图5-32所示。选中"转换器"上的"4芯端子"，在"Conn"栏目中输入"转换IN"——代表终端端口的定义；在"Pin"栏目中输入"1"或者在下拉列表中选择"1"——代表末端脚号（终端）的定义。

（4）单击两次"下一步"按钮进入"型材"设置。型材设置有两种方法。

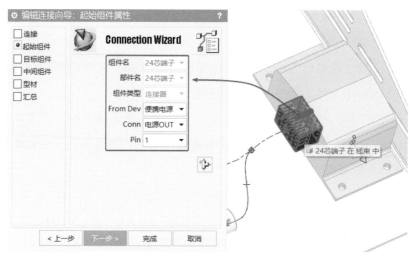

图 5-31　完善起始组件信息

图 5-32　完善目标组件信息

方法 1：单击选择"电线"命令，直接选取"重用库"中"Wires"，在成员视图中选取型材，如图 5-33 所示。

右键单击"重用库"中的"Wires"，然后单击"搜索子项"，输入参数可以更快筛选出需要的重用库部件，如图 5-34 所示。

方法 2：直接在命令框中输入型材参数，如图 5-35 所示。

图 5-33　选取型材

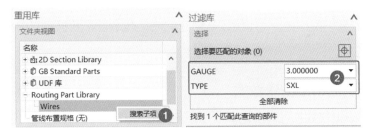

图 5-34　筛选出需要的重用库部件

图 5-35　直接输入型材参数设置型材

（5）设置好型材的主要参数后，再设置颜色为红色，在"颜色"输入框中输入"红"，如图5-36所示。

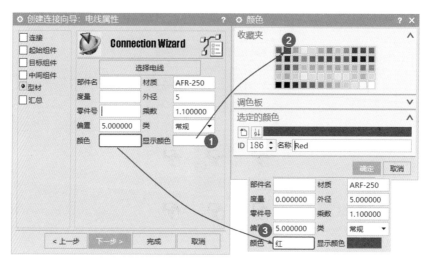

图5-36　完善颜色信息

综上所述，第一条电气连接数据创建完成。其余连接数据可以参照上述操作流程进行完善。

5.4.2　利用记事本创建数据

NX CAD电气数据可以由记事本打开，因此可以用记事本编辑或新建电气数据。如图5-37所示，用记事本打开电气数据"便携电源.hrn"。

图5-37　现有的电气数据

需要进一步完善电气数据时，可以参照数据格式进行补充，如图5-38所示。补充后再保存一下即可。

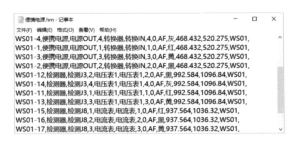

图5-38 修改后的电气数据

当然，也可以新建一个记事本，按照上面的格式填写电气连接数据信息，注意这里使用的全是半角符号。信息填写完整后，修改后缀名为hrn即可导入。

5.4.3 利用电子表格创建数据

利用记事本可以对电气数据进行编辑或新建，不过由于三维电气布线电线较多，特别是比较复杂的系统，一个连接器就可能有上百根电线，这样一来，面对海量的电气连接数据，记事本工具就不再实用了。

在工程上，一般对电气连接数据梳理后会专门绘制一个电气连接表，如果采用原理图软件进行原理设计，大多数软件都可以直接导出电气连接数据连接表。将导出的数据表格进行适当的处理就可以导入NX CAD布线模块中。

下面以LCable数据格式为例，讲解数据的创建和导入。

（1）新建一个Excel表格，编写电气数据，如图5-39所示。

图5-39 新建的电气数据

（2）对以上数据进行整理得到图5-40所示的新数据。Excel拥有强大的数据处理功能，在处理电气连接数据时，经常用到的功能有：自动填充、自动排序、数据筛选等。

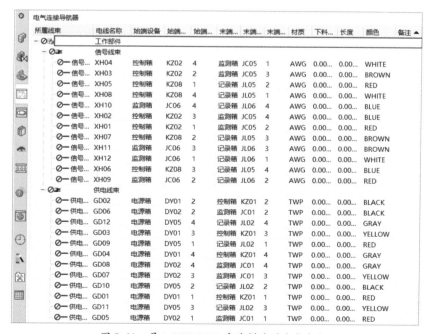

	A	B	C	D	E	F	G	H	I	J	K	L	M	N	O
1	!uniqu	from_c	from_c	from_c	to_con	to_con	to_po	gauge	type	od	leng	cut_le	fabrica	color	signal
2	GD01	电源箱	DY01	1	控制箱	KZ01	1	39	TWP	1.02			供电线束	RED	12V供电
3	GD02	电源箱	DY01	2	控制箱	KZ01	2	39	TWP	1.02			供电线束	BLACK	12V供电
4	GD03	电源箱	DY01	3	控制箱	KZ01	3	39	TWP	1.02			供电线束	YELLO	24V供电
5	GD04	电源箱	DY01	4	控制箱	KZ01	4	39	TWP	1.02			供电线束	GRAY	24V供电
6	GD05	电源箱	DY02	1	监测箱	JC01	1	39	TWP	1.02			供电线束	RED	12V供电
7	GD06	电源箱	DY02	2	监测箱	JC01	2	39	TWP	1.02			供电线束	BLACK	12V供电
8	GD07	电源箱	DY02	3	监测箱	JC01	3	39	TWP	1.02			供电线束	YELLO	24V供电
9	GD08	电源箱	DY02	4	监测箱	JC01	4	39	TWP	1.02			供电线束	GRAY	24V供电
10	GD09	电源箱	DY05	1	记录箱	JL02	1	39	TWP	1.02			供电线束	RED	12V供电
11	GD10	电源箱	DY05	2	记录箱	JL02	2	39	TWP	1.02			供电线束	BLACK	12V供电
12	GD11	电源箱	DY05	3	记录箱	JL02	3	39	TWP	1.02			供电线束	YELLO	24V供电
13	GD12	电源箱	DY05	4	记录箱	JL02	4	39	TWP	1.02			供电线束	GRAY	24V供电
14	XH01	控制箱	KZ02	1	监测箱	JC05	2	12	AWG	2.05			信号线束	RED	信号
15	XH02	控制箱	KZ02	3	监测箱	JC05	4	12	AWG	2.05			信号线束	BLUE	信号
16	XH03	控制箱	KZ02	2	监测箱	JC05	3	12	AWG	2.05			信号线束	BROW	信号
17	XH04	控制箱	KZ02	4	监测箱	JC05	1	12	AWG	2.05			信号线束	WHITE	信号
18	XH05	控制箱	KZ08	1	记录箱	JL05	2	12	AWG	2.05			信号线束	RED	信号
19	XH06	控制箱	KZ08	3	记录箱	JL05	4	12	AWG	2.05			信号线束	BLUE	信号
20	XH07	控制箱	KZ08	2	记录箱	JL05	3	12	AWG	2.05			信号线束	BROW	信号
21	XH08	控制箱	KZ08	4	记录箱	JL05	1	12	AWG	2.05			信号线束	WHITE	信号
22	XH09	监测箱	JC06	2	记录箱	JL06	2	12	AWG	2.05			信号线束	RED	信号
23	XH10	监测箱	JC06	4	记录箱	JL06	4	12	AWG	2.05			信号线束	BLUE	信号
24	XH11	监测箱	JC06	3	记录箱	JL06	3	12	AWG	2.05			信号线束	BROW	信号
25	XH12	监测箱	JC06	1	记录箱	JL06	1	12	AWG	2.05			信号线束	WHITE	信号

图 5-40　处理后的新数据

（3）将新数据保存为csv格式，再修改后缀名为hrn。

（4）设置电气数据导入的格式为LCable，将新数据导入NX CAD的布线模块中，如图5-41所示。

图 5-41　导入NX CAD布线模块的电气数据

5.5 小结

电气连接数据是三维布线中至关重要的信息，直接关系到布线的正确性。在进行布线时，应及时与电性能设计人员沟通，获取最新并且正确的电气连接数据，以确保使用的数据与源头数据一致。

由于电气连接的数据量较大，为尽可能降低数据错误的风险，建议读者充分利用Excel强大的数据处理功能，对电气数据先进行梳理，然后导入布线模块，再进行余下的布线操作。

第6章
组件指派与线束生成

在系统布线中，要将线缆走向表达清楚，除了有正确的电气连接数据外，还需要明确电气连接数据中的组件具体代表的是三维模型中的哪个电气部件，并依据正确的电气部件连接关系生成三维线束。

6.1 概述

在NX CAD三维电气布线中，导入了电气连接数据，一般情况下，只有部分电气部件有实际指派信息。导入了电气数据后，先指派电气部件，然后再进行管线布置，即生成电线（缆）。

如图6-1所示，电气部件标记为☑的表示部件已指派，标记为◎的表示部件未指派。对于未指派的电气部件需要与审核定义的三维组件一一建立对应关系，对于已经指派的电气部件，如果需要改动也可以重新指派。

− ◎⤢ WS01			
√▢ 转换器	转换IN	M	N
◎▢ 电流表	电流表	N	N
√▢ 电压表2	电压表2	M	N
√▢ 电压表1	电压表1	M	N
◎▢ 检测器	检测J5	N	N
◎▢ 检测器	检测J8	N	N
◎▢ 检测器	检测J3	N	N
√▢ 便携电源	电源OUT	M	N

图6-1 电气部件列表

同样地，如图6-2所示，电线连接是否布置完成，也会对应显示不同的标记图标。对于标记为◎的电线（缆），则需要进行管线布置操作——生成实体电线（缆）。

Wire ID	From Device	From Conn	From Pin	To Device	To Conn	To Pin	Type	Color	Length
– 工...									
– W									
便携电源	电源OUT	1	转换器	转换IN	1	AF	红	0.000000
便携电源	电源OUT	10	检测器	检测J5	4	AF	灰	378.739954
便携电源	电源OUT	12	电压表2	电压表2	3	AF	黑	683.197998
检测器	检测J8	4	电流表	电流表	4	AF	灰	0.000000
检测器	检测J3	4	电压表1	电压表1	4	AF	灰	992.822186
检测器	检测J3	2	电压表1	电压表1	2	AF	黑	992.822181
便携电源	电源OUT	11	电压表2	电压表2	1	AF	红	0.000000
便携电源	电源OUT	3	转换器	转换IN	3	AF	黄	468.452775
检测器	检测J8	3	电流表	电流表	3	AF	黄	938.409784
便携电源	电源OUT	9	检测器	检测J5	3	AF	黄	378.739954
便携电源	电源OUT	8	检测器	检测J5	2	AF	黑	0.000000
便携电源	电源OUT	7	检测器	检测J5	1	AF	红	378.739954
检测器	检测J3	1	电压表1	电压表1	1	AF	红	0.000000
便携电源	电源OUT	4	转换器	转换IN	4	AF	灰	468.452775
检测器	检测J8	1	电流表	电流表	1	AF	红	938.409784
检测器	检测J8	2	电流表	电流表	2	AF	黑	0.000000
检测器	检测J3	3	电压表1	电压表1	3	AF	黄	992.822181
便携电源	电源OUT	2	转换器	转换IN	2	AF	黑	468.452775

图6-2　电线列表

6.2　组件指派

6.2.1　自动指派

NX CAD中能够根据组件的信息匹配其对应的组件，则该部件就可以采用自动指派。

（1）打开第6章素材文件夹中的"电源检测仪_5.prt"文件。

（2）激活"线束"为工作部件。

（3）进入组件导航器，参照图6-3，右键单击"便携电源"的输出端"电源OUT"，并在弹出的快捷菜单中选择"自动指派"。

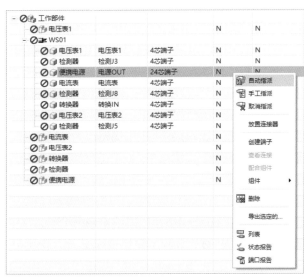

图6-3　自动指派

（4）指派完成后，该组件的标记由◎变为✓，如图6-4所示。

− ◎🖿 工作部件				
◎🖿 电压表1			N	N
− ◎🖿 WS01				
◎🖿 电压表1	电压表1	4芯端子	N	N
◎🖿 检测器	检测J3	4芯端子	N	N
✓🖿 便携电源	电源OUT	24芯端子	A	N
◎🖿 电流表	电流表	4芯端子	N	N
◎🖿 检测器	检测J8	4芯端子	N	N
◎🖿 转换器	转换IN	4芯端子	N	N
◎🖿 电压表2	电压表2	4芯端子	N	N
◎🖿 检测器	检测J5	4芯端子	N	N
◎🖿 电流表			N	N
◎🖿 电压表2			N	N
◎🖿 转换器			N	N
◎🖿 检测器			N	N
◎🖿 便携电源			N	N

图6-4　自动指派完成

（5）在组件导航器中单击指派后的组件，该组件在视图中高亮显示，如图6-5
所示。

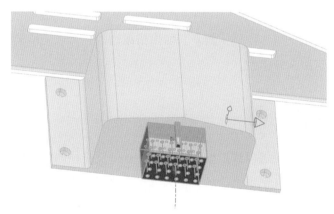

图6-5　查看自动指派的组件

6.2.2　手工指派

对于不能自动指派的组件则需要手工逐一指派。这里以"便携电源"为例，
讲解手工指派方法，具体步骤如下。

（1）在组件导航器中右键单击"便携电源"组件，并单击"手工指派"命令。

（2）弹出"指派组件ID"选择窗口，选定"便携电源"的模型，完成组件指派，如图6-6所示。

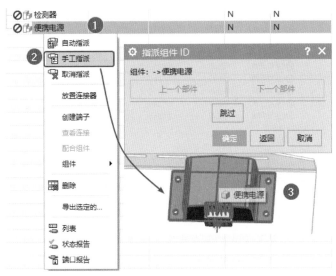

图6-6 手工指派

手工指派的电气组件往往比较多。如果指派错误，可以先取消指派，再重新指派，也可以直接重新指派。

6.3 线束生成

指派组件完成后就可以进行线束生成操作——使路径曲线变成三维线束。线束有三种显示等级，分别是组件级、引脚级和混合级。当管线布置选择为组件级时，线束两端直接连接到线束端头；当管线布置选择为引脚级时，在事先建立终端模型的条件下，线束将显示电气组件（连接器）终端连接细节；当管线布置选择混合级时，则布线表现形式介于前二者之间，系统默认引脚级优先。

6.3.1 自动管线布置

一般地，在绘制了线束路径并且正确指派完组件后，就可以使用自动管线布置命令进行布线操作。这里以第6章素材文件夹中的"电源检测仪_5.prt"中线束的"WS01-1"为例，讲解组件级布线的操作流程。

（1）打开"电源检测仪_5.prt"文件。

（2）激活"线束"组件，使其作为工作部件。

（3）在电气连接导航器中选中电线WS01-1。

（4）右键单击"自动管线布置"，布线等级选择"组件级"。具体操作流程如图
6-7所示。

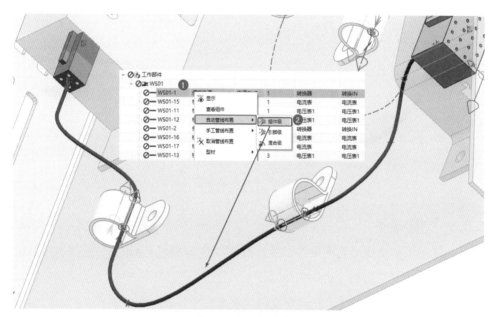

图6-7 自动管线布置

完成自动管线布置后，原路径就会出现图6-7中所示的一条红色电线。

6.3.2 手工管线布置

同样地，也可以采用手工管线布置命令进行布线。以"WS01-2"为例，参照
图6-8进行操作。

手工布线完成后，由于两根电线路径相同，显示重合在一起了。由于选用的
为混合级，原理上是可以出现终端引脚细节的，但是这里并没有出现，原因是没
有创建端子。

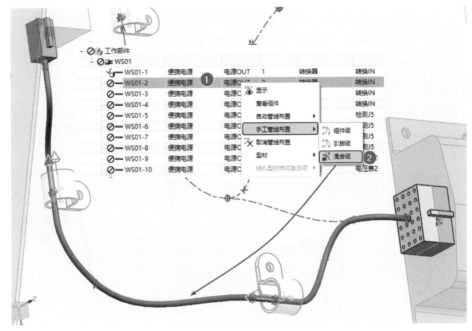

图6-8　手工管线布置

6.3.3　创建端子

创建端子是指线缆到连接器引脚处的具体细节路径。这里以"便携电源"输出端"24芯端子"为例，讲解创建端子。

（1）在"主页"菜单"线束"栏中选择"创建端子"⚠️命令。

（2）选中24芯端子上任意一个端子（引脚），再选择"全部建模"🗂️，然后单击"确定"按钮完成建模，如图6-9所示。

（3）在电气连接导航器中，选中"便携电源"中"电源OUT"端所有电线，然后采用引脚级进行布线，如图6-10所示。

布线完成后，24芯端子处的电线会出现不同电线的连接细节。线束另一端的4芯端子如图6-11所示，也具有终端电线细节信息。没有布线定义的端子（引脚）则维持端子建模时最初的状态。在实际创建端子时，一般只针对有连接定义的端子进行创建。

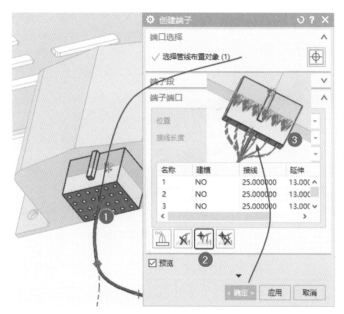

图6-9 端子建模

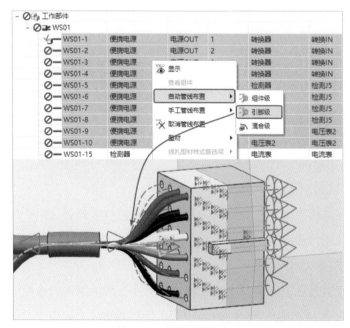

图6-10 建模后管线布置

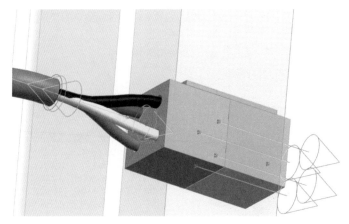

图 6-11 4 芯端子创建端子

值得一提的是，端子细节电缆连接并不是使用创建端子命令就可以创建出来的，而是必须满足两个先决条件：一是必须事先对端子进行多端口定义；二是对应管端的电气连接信息必须建立完成。另外，在多端口定义时除了需要对管端进行指派外，还需要留意接线长度的设置，该数值必须大于延伸值，否则无法创建管端。

6.4　校对电气连接信息

为了便于校对电气连接信息，NX CAD 三维布线提供了多种校对方式，在组件导航器和电气连接导航器中将分别讲解电气连接信息的校对。

6.4.1　校对组件信息

组件电气连接有多种校对方式，下面讲解通过查看连接和组件端口报告的方法对组件信息进行校对。

1. 查看连接

查看连接就是在三维窗口中直观校对该组件与其他组件的连接情况。

以便携电源 24 芯端子为例。在电气组件导航器中，右键单击"便携电源"的"24 芯端子"，选择"查看连接"后，与该组件（端子）连接的电线则高亮显示，这样布线操作者就可以根据高亮显示校对电线走向是否正确，如图 6-12 所示。

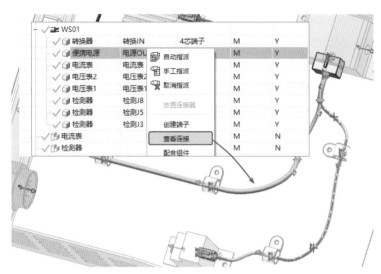

图6-12 查看连接

2. 查看组件端口报告

查看组件端口报告，可以查看该端口的电线连接情况。

还是以便携电源24芯端子为例。在电气组件导航器中右键单击"便携电源"的"24芯端子"，选择"端口报告"，即可生成图6-13所示的报告。

图6-13 查看组件端口报告

根据该报告，可以校对电线名称（ID）、颜色和引脚使用情况，还可以查看所连接组件（端子）的上一级组件、引脚号等信息。

6.4.2 校对电气连接

电气连接有多种校对方式，下面主要讲解查看组件和列表。

1. 查看组件

查看组件就是查看电线两端的电气组件（接线端）。下面以电线WS01-1为例进行讲解。

在电气连接导航器中，右键单击"WS01-1"，选择"查看组件"，该电线连接的组件则会高亮显示，如图6-14所示。

2. 查看列表

查看列表就是查看电线连接的具体信息。以便携电源输出端电源OUT端口为

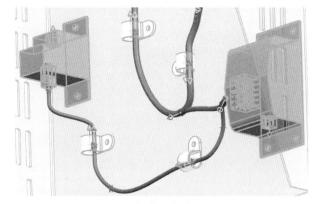

图6-14　查看电线连接的组件

例，选中该端口所有电线，再右键单击并选择"列表"，即可生成电线连接的列表，如图6-15所示。

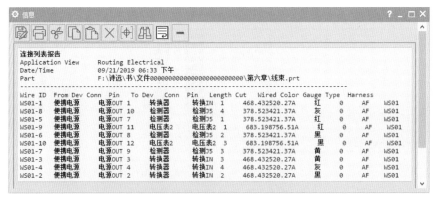

图6-15　查看电线连接的组件列表

6.5　小结

本章讲解了组件的两种指派方式：自动指派和手动指派。有的用户在进行线缆设计和线缆敷设图纸的编制时，经常遇到端头组件（线缆插头）无法定义上一级设备，从而出现线缆某分支无法指定起始或末端位置的情况。针对这个问题最好的解决办法是，在部件导航器中对端头组件进行编辑，直接输入上一级电气组件名称，然后再对该上级组件进行指派即可，操作方法如图6-16所示。

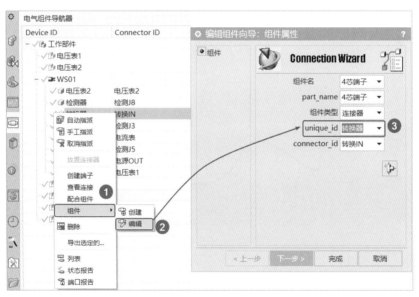

图6-16　查看电线连接的组件

本章还讲解了线束的两种生成方式。由于在实际布线过程中线束较多，对于同一个电线连接定义的电线可能存在多条相连路径。下面以多条路径连接相同组件的情况为例，讲解"自动布线"和"手工布线"的区别。

在"电源"和"转换器"之间再绘制两条曲线路径，如图6-17所示。

采用"自动管线布置"方法进行布线，结果如图6-18所示。

由图6-18所示可知，这次自动布线选用了一条新路径，该路径为最短路径。

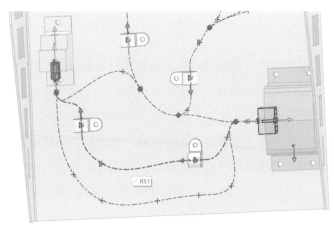

图 6-17　绘制两条新路径

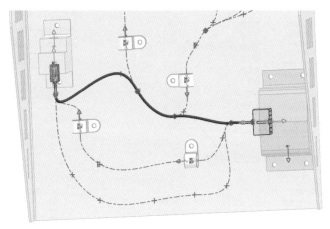

图 6-18　自动管线布置

　　采用"手工管线布置"方法进行布线。系统识别到有三条路径,可以通过指定路径上的点选择路径,也可以单击"循环可用路径"按钮,选择合适的路径,如图 6-19 所示。

　　综上,经过对比发现,不同的方法采用的路径不同。自动管线布置采用的是最短的路径,而手工管线布置则是人工选择合适的路径。值得一提的是,在为较复杂的系统进行三维电气布线时,由于线缆交互交错成网,往往会有多条路径连接到同一电线定义的连接端上,而实际工程中,并不一定是选择最短的路径进行布线,因此使用自动管线布置时,需要再次检查一下路径是否正确,否则需要取消管线布置，重新手动选取合适的路径进行管线布置。

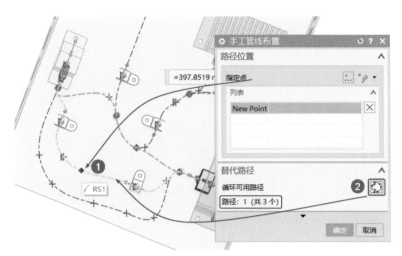

图6-19　手工管线布置

第7章
型材的使用与创建

在NX CAD三维电气布线技术中，型材并非是电线本身的材质类型，其主要包含空间预留型材、护套型材和填料型材等。

7.1 空间预留型材

空间预留型材可以作为线束空间的检测工具，也可以作为布线时的一种直观感受。本书第4章中为了更好地展现线束路径，设置的型材即为空间预留型材。在线束生成后同样可以使用空间预留型材。下面以第7章素材文件夹中的"电源检测仪_5.prt"中路径（段）为例，讲解空间预留型材的设置与使用。

7.1.1 圆形预留型材

圆形预留型材的使用比较多。

（1）打开"电源检测仪_5.prt"，激活"线束"组件为工作部件。

（2）单击"主页"主菜单"型材"命令组中的"空间预留" 命令。

（3）选中电线"WS01-1"中较长的一段路径。

（4）参照图7-1设定"型材"为"圆形"，"直径"为9，单击"确定"按钮。

至此，圆形空间预留型材设定完成。图7-2所示为设定后的效果。

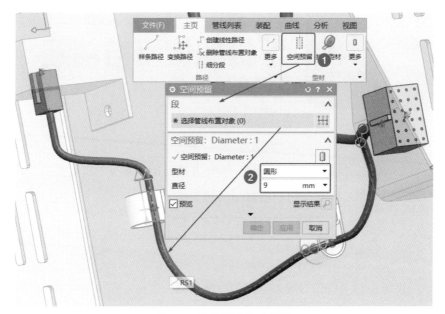

图 7-1　设定圆形空间预留

图 7-2　圆形空间预留设定后的效果

7.1.2　矩形预留型材

矩形预留型材在工程中一般可以作为线槽预估空间大小。线槽有很多种规格，还有定制线槽。这里仅做方法上的讲解，想要深入了解的读者可以自行查阅相关资料，找到常用的线槽尺寸进行设置。下面还是以电线"WS01-1"为例，讲解添加矩形预留型材。

参照7.1.1节的内容，设置"型材"为"矩形"，宽度和高度均为7mm，如图7-3所示。

图7-3 设定矩形空间预留

单击"确定"按钮后，生成矩形预留型材。在工程实际应用中往往会用到"型材扭转"命令，即在某一点对非圆形型材进行扭转以达到对型材局部外形进行调整的目的。

单击"主页"主菜单"线束"命令组中的"型材扭转"命令，参照图7-4选择型材某点，设定一个扭转角度。

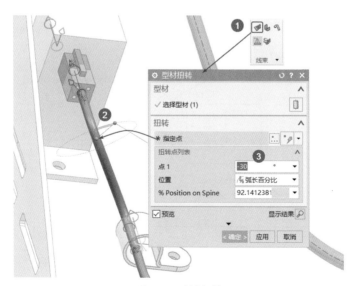

图7-4 型材扭转

单击"确定"按钮后，型材扭转设定完成后的效果如图7-5所示。

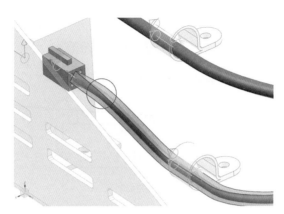

图7-5 矩形空间预留设定后的效果

7.1.3 扁平椭圆预留型材

扁平椭圆预留型材的使用方法跟矩形型材类似。

参照前面内容，将"型材"设为"扁平椭圆形"，宽度为8mm，高度为5mm，在型材起始端也可以设定旋转角度，如图7-6所示。

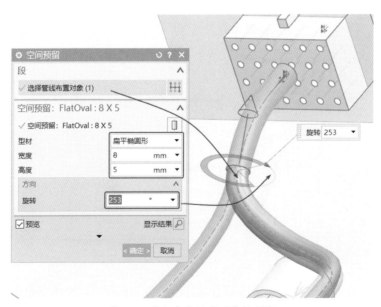

图7-6 设定扁平椭圆形空间预留

注意，在设置时，型材宽度须大于高度。型材设定后的效果如图7-7所示。

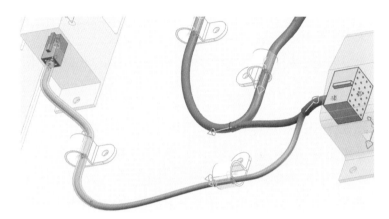

图7-7 扁平椭圆形空间预留设定后的效果

7.2 护套型材

护套是指电线的保护套。为了便于绝缘，有时候将护套直接包裹在电线上，工程上称这种电线为护套线。比如，护套线BVVB 为铜芯聚氯乙烯绝缘聚氯乙烯护套平行电缆（电线）。在三维电气布线中，一般情况只需主要表达电线材质、走向和长度等信息，因此不必完全按照实际情况进行（模拟）建模，当然，如果确实需要按照实际情况设置电线的细节也是可以的，只是工作量较大。

三维电气布线经常用到的护套为锦纶丝套和热缩套管，如图7-8和图7-9所示。

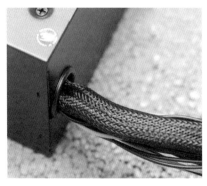

图7-8 锦纶丝套

图7-9 热缩套管

在NX CAD三维布线重用库中，提供了四种护套型材类型：Fixed Cross Section（固定横截面）、Flagged（标签）、Sleeved（套管）和Wrapped（包裹）。其中，后两者可以作为护套型材。

下面还是以电线"WS01-1"某段为例，讲解一下这两种护套的使用设置。

7.2.1 一般护套

直接选用重用库中的护套型材。

（1）单击"护套型材"⬭按钮，在弹出的"护套型材"对话框中，"护套型材"类型选择为"指定护套型材"，如图7-10所示。

（2）单击"指定护套型材"按钮，进入护套重用库，右键单击"Wrapped"选项，选择"搜索子项"，如图7-11所示。

图7-10　护套型材

图7-11　护套重用库

（3）设置颜色（COLOR）和材料（MATERIAL），并单击"确定"按钮，选择成员视图中的第一项，如图7-12所示。

（4）选择"24芯端子"处的路径段作为护套使用段，如图7-13所示。

至此，护套设置完成。图7-14所示为护套实施的效果图。

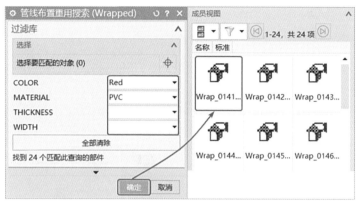

图7-12　选定护套

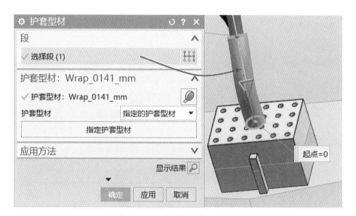

图7-13　选定护套使用段

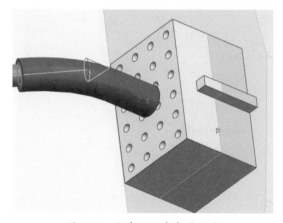

图7-14　护套添加完成的效果

7.2.2 热缩套管

热缩套管在三维电气布线中使用较多。

（1）参照7.2.1节的内容，直接选用护套类型为"Sleeved"，如图7-15所示。

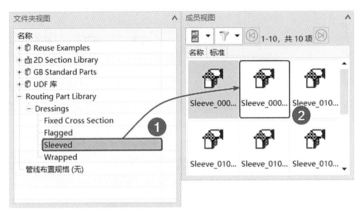

图7-15　直接选用护套类型

（2）选择电线"WS01-1"上另外一节路径段，选择某类应用方法，设置护套实施路径段，如图7-16所示。

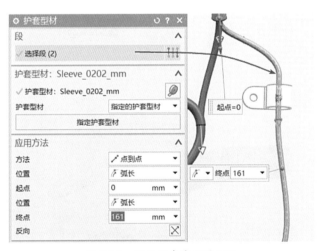

图7-16　设置护套实施路径段

至此，热缩套管设定完成。图7-17所示为设定后的效果图。

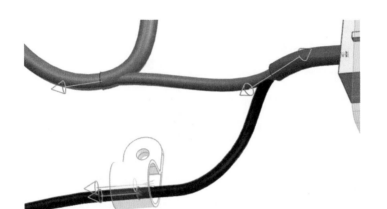

图7-17 热缩套管设定完成的效果

7.2.3 连接件上的护套型材

NX CAD三维布线中，电气连接件也可以添加护套型材。下面以电线"WS01-1"的"4芯端子"为例，讲解该命令的使用。

（1）单击"连接件上的护套型材" 命令，如图7-18所示。

图7-18 连接件上的护套型材

（2）在弹出的对话框中选择"部分面"，依次选中"4芯端子"需要覆盖型材的所有面，如图7-19所示。

（3）在"修剪选项"栏中，设定"指定平面"为"按某一距离"，拉动箭头或者输入数值进行调整，如图7-20所示。

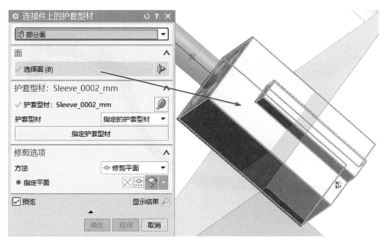

图 7-19　选择电气连接件上的护套覆盖面

图 7-20　设定指定平面

调整好后，单击"确定"按钮以
完成设置。添加护套后的效果如图 7-21
所示。

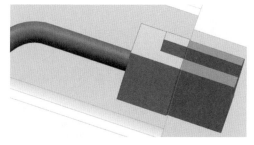

图 7-21　连接件表面设置护套型材的效果

7.2.4 护套型材的应用方法

护套型材的应用方法有四种：所有段、间隔、点到点以及点和长度，如图7-22所示。

1. 所有段

为"WS01-1"建立护套，"方法"选择"所有段"，并单击"确定"按钮。护套布置如图7-23所示。

图 7-22 护套型材的应用方法

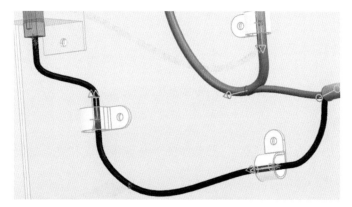

图 7-23 护套型材之"所有段"

2. 间隔

修改"方法"为"间隔"，参照图7-24设置"间隔"参数。

图 7-24 设定"间隔"参数

设置完成后单击"确定"按钮。图7-25所示为采用"间隔"方法添加护套型材的效果图。

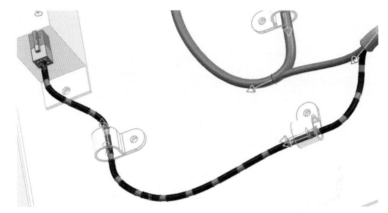

图 7-25　护套型材之"间隔"

3. 点到点

修改"方法"为"点到点"，并参照图7-26调整起点和终点的位置。

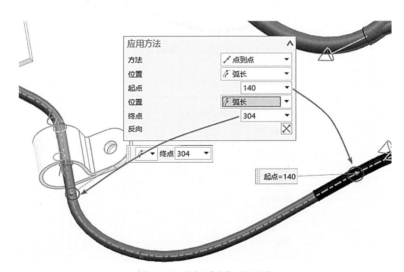

图 7-26　"点到点"的设置

设置完成后单击"确定"按钮。图7-27所示为采用"点到点"方法添加护套型材后的效果图。

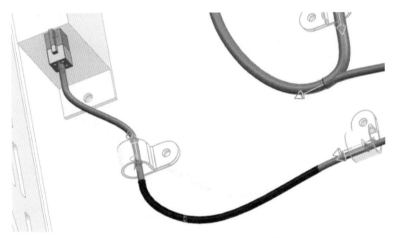

图 7-27　护套型材之"点到点"

4. 点和长度

修改"方法"为"点和长度"，并参照图 7-28 设置"点和长度"参数。

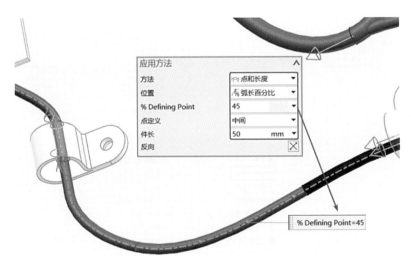

图 7-28　"点和长度"的设置

设置完成后单击"确定"按钮。图 7-29 所示为采用"点和长度"方法添加护套型材后的效果图。

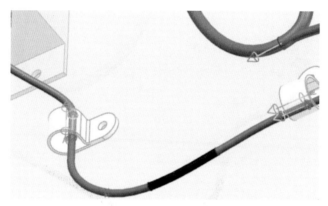

图 7-29　护套型材之"点和长度"

7.3　填料型材

工程上，电线填料一般起绝缘、阻燃、润滑和稳定等作用。在三维布线中使用较少，本节仅做使用方法的讲解。

（1）在"主页"主菜单中"型材"栏的"更多"下拉菜单中单击"填料型材"🎣命令，如图 7-30 所示。

图 7-30　"填料型材"命令

（2）在"填料型材"对话框中单击"指定型材"，然后在跳转的"重用库"中选择第一项填料型材，如图 7-31 所示。

（3）选择电线"WS01-1"较长段作为实施路径段，设置完成的效果如图 7-32所示。

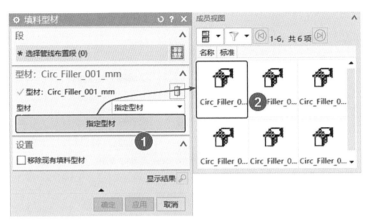

图 7-31　选择填料型材

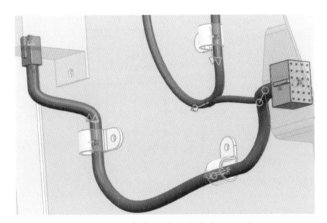

图 7-32　填料型材设定完成的效果

由图7-32可以看出，添加填料型材后，该路径段变粗。

7.4　型材编辑

NX CAD三维电气布线模块中提供了型材编辑的多种命令。型材编辑命令包含多种其他编辑命令，本节将着重讲解使用较多的型材编辑命令。

单击"编辑型材"命令，如图7-33所示。弹出"型材浏览器"对话框，通过型材浏览器，用户可以查看激活的工作部件中布置的所有型材。型材较多时，用户还可以通过选择不同型材类型进行筛选，如图7-34所示。

图 7-33　"型材编辑"命令

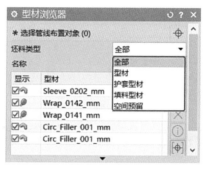

图 7-34　型材浏览器

选中某个型材，就可以单击其右侧的操作命令，如图7-35所示。

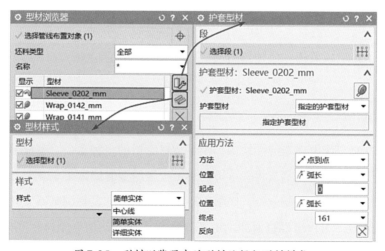

图 7-35　型材浏览器中的型材编辑与型材样式

在型材浏览器中可以直接完成型材的编辑操作，如果选中某型材后单击×，可以删除该型材。

7.5 定义新型材

用户除了使用NX CAD自带重用库中的各种型材之外，还可以自行定义新的型材。不同型材的定义大同小异。这里以一般型材为例进行定义。

（1）新建"新型材.prt"文件。

（2）在草图建模环境中绘制截面曲线，如图7-36所示。

（3）激活布线模块，单击"审核部件" 命令，在弹出的"审核部件"对话框中的"管线部件类型"中选择"型材"，并在下拉列表中选择"型材"类型，如图7-37所示。

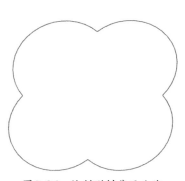

图7-36 绘制型材截面曲线

图7-37 设定需要定义的型材类型

（4）指定横截面。右键单击"简单"选项，然后选择"编辑"，在弹出的"简单横截面"对话框中选中对应的横截面曲线，如图7-38所示。

（5）指定坐标系。右键单击"成形板放置坐标系"选项，选择"新建"，然后参照图7-39指定坐标系。

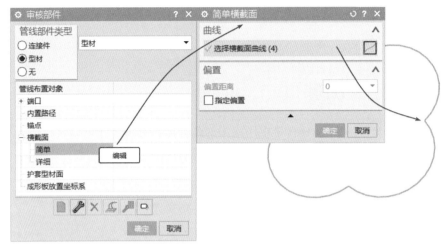

图 7-38   设定横截面曲线

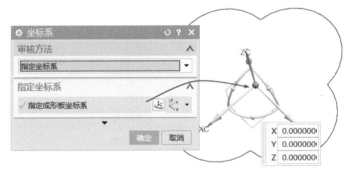

图 7-39   指定成形板坐标系

至此，型材定义完成，效果如图 7-40 所示。

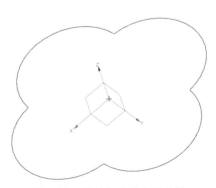

图 7-40   型材定义完成的效果

下面查看一下该新建型材的使用效果。

在布线模块环境下，新建一段样条路径，如图7-41所示。

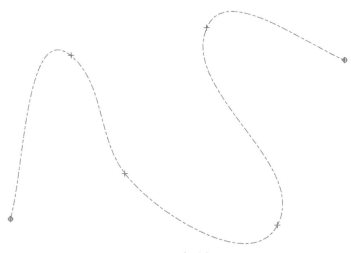

图 7-41　新建样条路径

然后单击"型材"命令组中的"型材"⬚命令，如图7-42所示。

图 7-42　"型材"命令

在弹出的对话框中，选择上述新建的样条路径作为型材实施段。单击"指定型材"按钮，找到新建的"新型材"文件并打开，如图7-43所示。

至此，型材指定完成，效果如图7-44所示。

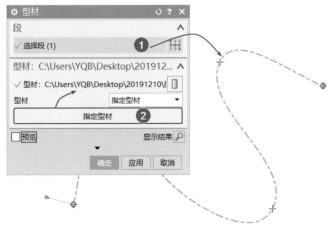

图 7-43　指定型材实施段

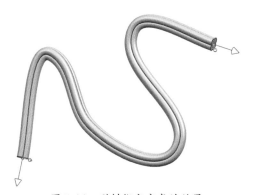

图 7-44　型材指定完成的效果

7.6　小结

　　本章讲解了几种常见型材的定义和型材的编辑方法。在 NX CAD 三维电气布线中，为了准确地把握空间通过性，可以采用空间预留型材进行可通过性检测。NX CAD 中还提供了护套型材和填料型材，供有需求的用户进行选用。

　　为了满足工程的实际需求，本章还讲解了新型材的定义方法，供大家参考。NX CAD 三维电气布线中的各类型材定义方法基本一致，有兴趣的读者可以尝试定义其他型材。另外，如果需要定义成工程常用的某类型号型材并创建库文件，可以参考 NX CAD 帮助文件或者重用库中的型材定义文件进行定义。

第8章
成形板的创建与工程出图

三维线束生成后，可以直观地查看线束的走向等信息。在实际工程应用中，要指导线束的生产加工，最终还需要创建成形板并输出工程图。

8.1 概述

成形板是模拟线束在工装板上制作时，展示线束主线与分支之间的形状和位置关系的二维平面图。图8-1所示为工程上常见的成形板，图8-2所示为利用成形板批量制作线束的车间。

图8-1　工程上常见的成形板

在NX CAD三维电气布线中，电气部件审核与放置、电气连接定义、组件指派等关键流程全部操作正确，才能进行本章节的操作。换句话说，并不是看似没有错误或者路径已经生成实体（线束）就可以进行成形板制作与工程出图。无法进行余下操作的大部分原因在于有些重要环节操作不当，从而造成了三维布线所需关键信息丢失或者错误。

图 8-2　利用成形板批量制作线束的车间

8.2　关键操作的复查

三维电气布线是一项比较严谨的工作，关键部分不能出错，因为检查错误是一个非常耗时、非常痛苦的过程。初学者一定要按部就班地操作，每完成一步都要进行复查。不然就要花费数倍的时间去查找可能出现的错误，而且还可能因为找不到出错原因而不得不重新操作一遍。

8.2.1　电气部件审核与放置

1. 电气部件审核

电气部件审核定义作为三维电气布线的第一步，直接关系到布线是否成功。下面以第 8 章素材文件夹中的"电源检测仪_5.prt"为例进行复查。

（1）打开"电源检测仪_5.prt"，激活布线模块。

（2）打开"24 芯端子"，查看其部件审核定义情况，如图 8-3 所示。

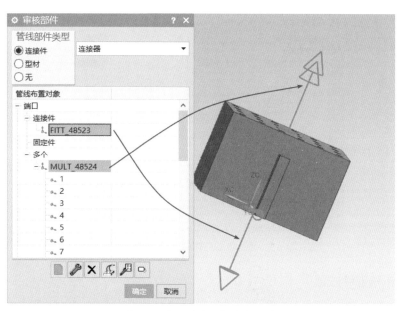

图8-3　"24芯端子"审核检查

（3）打开"检测器"，查看其部件审核定义情况，如图8-4所示。

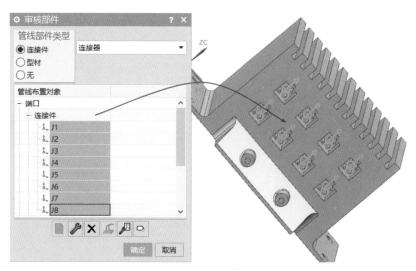

图8-4　"检测器"审核检查

（4）打开装配导航器，查看接线端子组件是否放置在所建的"线束"子组件中，
　　　如图8-5所示。

图 8-5　部件放置检查

2. 电气部件放置

NX CAD 三维布线中，对于三维模型的层级关系有个较好的推荐。这里以生活中常见的带电机的设备——电梯为例，讲解三维布线时各主要组件的层级关系。

如果需要对电梯进行三维建模和三维布线，NX CAD 建议的层级关系如图 8-6 所示。

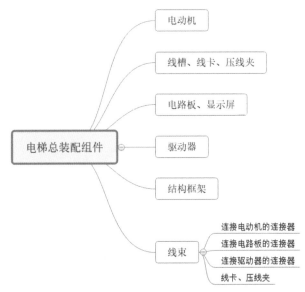

图 8-6　NX CAD 三维布线各装配子组件推荐层级关系

事实上，大可不必一定参照NX CAD推荐的层级关系去实施三维布线。因为对于三维布线来说，只需要绘制出三维线束并且能够制作供生产使用的二维图纸即可。对于这一关键点来说，主要是线束子装配文件中是否包含绘制三维线束和出图所需的已审核定义的电气部件。

当然，线束子装配文件层级关系正确，并不代表就能绘制三维线束成形板，还需要确保在线束子装配中线束路径绘制正确、完整，电气连接数据正确和所涉及的电气组件均正确指派。

8.2.2　电气连接定义

一般电气连接需要完整定义才能生成线束，由于电缆中有多根电线，单看三维示意图不容易察觉是否布线完整，所以很有必要检查一下电气连接信息。

（1）打开电气连接导航器，检查一下布线是否完整。电气连接表如图8-7所示。

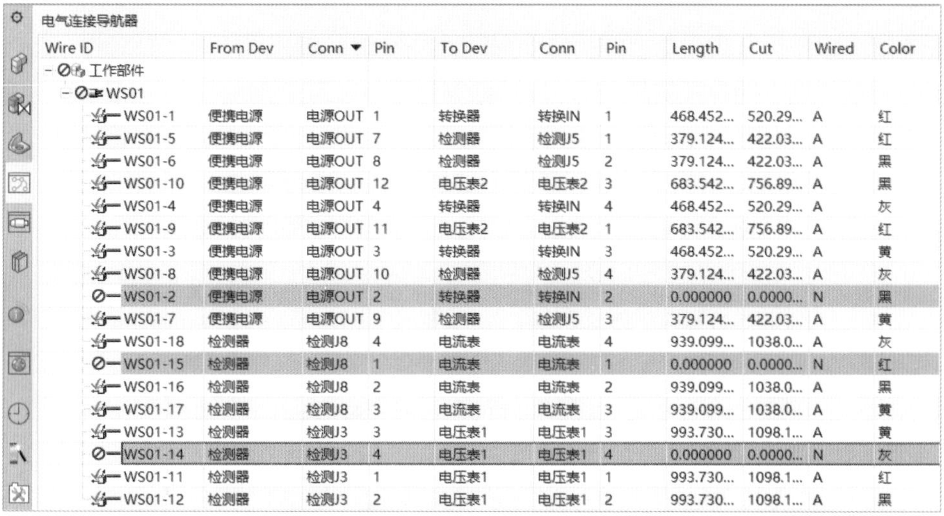

Wire ID	From Dev	Conn ▼	Pin	To Dev	Conn	Pin	Length	Cut	Wired	Color
─ ⊘ 🗐 工作部件										
─ ⊘ 🗐 WS01										
WS01-1	便携电源	电源OUT	1	转换器	转换IN	1	468.452...	520.29...	A	红
WS01-5	便携电源	电源OUT	7	检测器	检测J5	1	379.124...	422.03...	A	红
WS01-6	便携电源	电源OUT	8	检测器	检测J5	2	379.124...	422.03...	A	黑
WS01-10	便携电源	电源OUT	12	电压表2	电压表2	3	683.542...	756.89...	A	黑
WS01-4	便携电源	电源OUT	11	转换器	转换IN	4	468.452...	520.29...	A	灰
WS01-9	便携电源	电源OUT	11	电压表2	电压表2	1	683.542...	756.89...	A	红
WS01-3	便携电源	电源OUT	3	转换器	转换IN	3	468.452...	520.29...	A	黄
WS01-8	便携电源	电源OUT	10	检测器	检测J5	4	379.124...	422.03...	A	灰
WS01-2	便携电源	电源OUT	2	转换器	转换IN	2	0.000000	0.0000...	N	黑
WS01-7	便携电源	电源OUT	9	检测器	检测J5	3	379.124...	422.03...	A	黄
WS01-18	检测器	检测J8	4	电流表	电流表	4	939.099...	1038.0...	A	灰
WS01-15	检测器	检测J8	1	电流表	电流表	1	0.000000	0.0000...	N	红
WS01-16	检测器	检测J8	2	电流表	电流表	2	939.099...	1038.0...	A	黑
WS01-17	检测器	检测J8	3	电流表	电流表	3	939.099...	1038.0...	A	黄
WS01-13	检测器	检测J3	3	电压表1	电压表1	3	993.730...	1098.1...	A	黄
WS01-14	检测器	检测J3	4	电压表1	电压表1	4	0.000000	0.0000...	N	灰
WS01-11	检测器	检测J3	1	电压表1	电压表1	1	993.730...	1098.1...	A	红
WS01-12	检测器	检测J3	2	电压表1	电压表1	2	993.730...	1098.1...	A	黑

图8-7　检查电气连接表

对于没有管线布置的电线连接，需要重新自动或手动布置。

（2）在电气连接导航器中选中某布线成功的电线（比如WS01-10），该电线会高亮显示，以便确认布线路径的正确性，如图8-8所示。

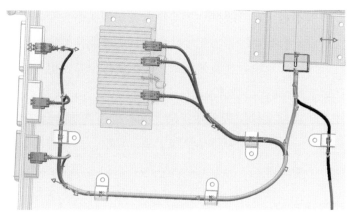

图8-8　检查电线

（3）在电气连接导航器中右键选中某布线成功的电线（比如WS01-10），选择查
看组件，即可校对电线始末电气组件的正确性。

由图8-9可以看到，"4芯端子"有上级组件，而"24芯端子"却没有指定上
级组件，虽然这并不意味着将出现严重错误或者布线后期出图会失败，但是将缺
少起始组件或末端组件信息。

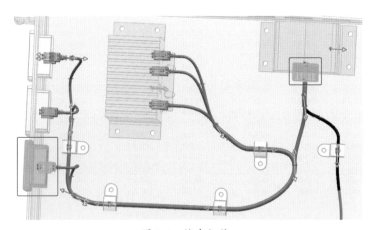

图8-9　检查组件

8.2.3　组件指派

三维电气布线中只需定义好电线连接端的电气组件（端子）就可以实现布
线，对于上一级部件——电线连接端组件的归属组件（与之插接的电气部件）没

有强制要求。如果不定义，将缺少电线（缆）具体连接信息而不能指导线束敷设和装配。

（1）打开电气组件导航器，检查一下指派是否完整，如图8-10所示。

Device ID	Connector ID	Part Name
⊘ 工作部件		
电流表		
WS01		
便携电源	电源OUT	24芯端子
检测器	检测J3	4芯端子
检测器	检测J5	4芯端子
检测器	检测J8	4芯端子
电压表1	电压表1	4芯端子
电压表2	电压表2	4芯端子
电流表	电流表	4芯端子
转换器	转换IN	4芯端子
转换器		
电压表2		
便携电源		
电压表1		
检测器		

电气组件导航器

图8-10　检查组件指派

对于没有指派的组件需要重新指派。另外，值得一提的是，有时候有些组件看似指派成功，但单击查看组件时，在模型中却看不到该组件。对于这类情况，需要重新指派。

（2）在电气组件导航器中选中某指派成功的组件（比如检测器），该组件会高亮显示，以便使用者查验指派是否正确，如图8-11所示。

如果组件已经指派，电线路径也已布置，在后期出图时还是找不到起始组件或末端组件，这种情况下，就需要按照上面的办法查看已指派组件，此时组件可能未被正确指派，需要重新指派。

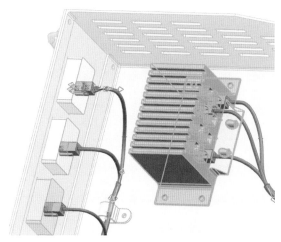

图8-11　查看已指派组件

8.3 成形板默认设置

读者可以根据需要修改NX CAD布线模块中已经定义好了的默认设置。下面讲解一下成形板默认设置的修改。

依次单击主菜单中"文件"/"实用工具"，找到"用户默认设置"，如图8-12所示。

图8-12　打开默认设置

在"用户默认设置"对话框中单击并展开"管线布置"，找到"成形板"并单击，然后就可以修改设置了，如图8-13所示。在"布局选项"中，用户可以根据自己单位的布线绘图规范和自己的绘图习惯进行修改设置，设置完后单击"应用"按钮。不同设置创建的成形板的区别将在下一节中详细讲解。

单击"长度舍入"选项，就可以修改设置，如图8-14所示。不同"舍入方法"影响线束最终的长度，工程上的线束一般都比实际需求的长，因此大多选择"舍入方法"为"入至最接近"。"增量"根据实际需求进行设置，设置完后单击"应用"按钮。

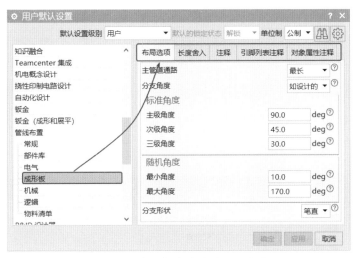

图 8-13　成形板布局选项默认设置

图 8-14　成形板"长度舍入"的默认设置

　　单击"注释"选项进行修改设置，如图 8-15 所示。NX CAD 布线模块中"注释"的默认设置内容较少，读者可以根据自己的需求进行添加。"引脚列表注释"和"对象属性注释"默认设置的修改方法也一样，读者可以自行增加需要的注释内容。值得一提的是，注释的内容并不是添加了就能满足使用要求。这是由于在 NX CAD 中，定义的属性有专门与之对应的注释名称，只有添加的注释为 NX CAD

系统能识别的属性名称时才能有效显示。

举一个例子。"from_comp"表示起始组件，与创建（电线）连接向导时起始组件的"From_Device"表示同一个意思。也就是说，如果用户需要将起始组件"From_Device"这个属性通过注释的形式表达出来，则需要在"注释"默认设置的"属性列表"中添加"from_comp"这一项。具体能够添加哪些属性，将在 8.5 节中进行详细讲解。

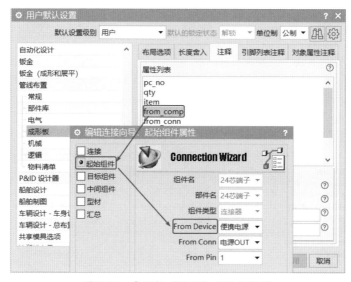

图 8-15　成形板"注释"的默认设置

8.4　创建成形板

本节将以前面章节创建的线束为例，讲解成形板的创建。打开第 8 章素材文件夹中的"电源检测仪_5.prt"，激活布线模块，使"线束"组件作为显示部件，即选择"在窗口中打开"，如图 8-16 所示。此外，也可以一开始就直接打开"线束.prt"文件。

为了使三维线束美观简洁，可以设置隐藏控制点和端口。单击"文件"主菜单，选择"首选项"，然后选择"管线布置"，在弹出的"管线布置首选项"对话框中单击"显示"选项，取消勾选"显示控制点"和"显示端口"。具体操作流程如图8-17所示。

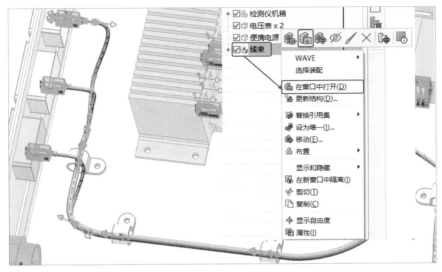

图8-16　打开"线束"文件

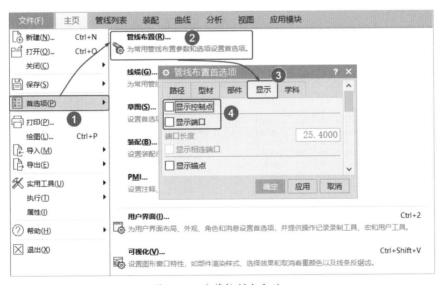

图8-17　隐藏控制点和端口

隐藏控制点和端口后，三维线束变得简洁明了，如图8-18所示。

线束显示设置完成。下面讲解一下成形板的创建方法。

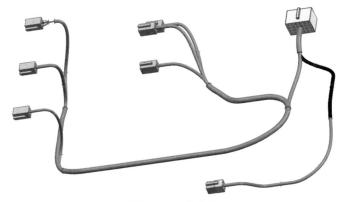

图 8-18　三维线束

8.4.1　直接创建成形板

　　单击"主页"菜单中"成形板"命令组中的"创建成形板图纸"命令，然后选择某个模板，设定好文件名和存储路径后，再单击"确定"按钮，如图 8-19 所示。成形板默认创建的形状如图 8-20 所示。

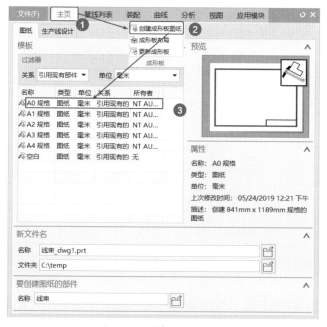

图 8-19　创建成形板图纸

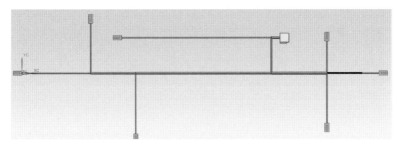

图8-20 成形板的默认创建

依据之前修改的默认设置，快速完成线束的成形布局。一般地，较为简单的线束可以直接采用默认的设置进行创建，而较为复杂的线束，就需要对成形布局进行人工修改。下面还是以8.4节的"线束"文件为例，讲解线束成形的修改。

8.4.2 通过设置修改成形板

单击"主页"菜单中"成形板"命令组中的"成形板布局"命令，修改设置。

修改"主管道通路"展平方式为"最长"，如图8-21所示，此时线束最长。

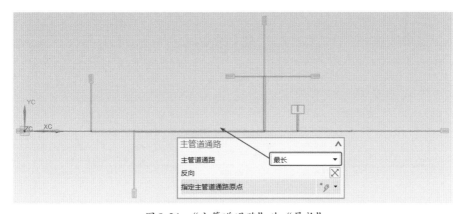

图8-21 "主管道通路"为"最长"

修改"主管道通路"展平方式为"最厚"，如图8-22所示，此时线束纵向最长。

修改"主管道通路"展平方式为"用户选择"，设置主管道通路的起点和终点，另外再设置"分支角度"和"分支形状"，即可得到新的成形板布局，如图8-23所示。

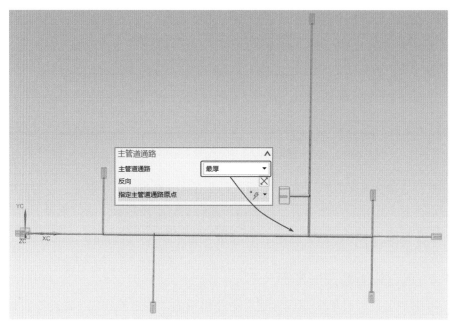

图8-22 "主管道通路"为"最厚"

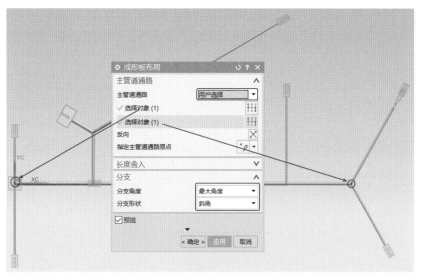

图8-23 "主管道通路"为"用户选择"

由上可见，影响成形板形状的因素，除了"主管道通路"的设置外，还有"分支"的设置。下面将"主管道通路"选择为"最厚"并设定不同分支，查看

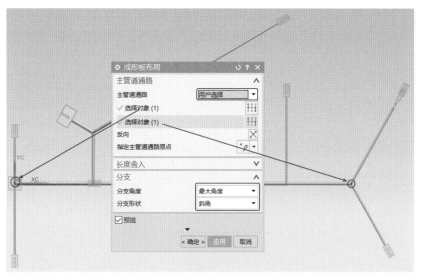

不同分支设置的成形板布局。

"分支角度"设置为"如设计的","分支形状"设置为"斜角",如图8-24所示。

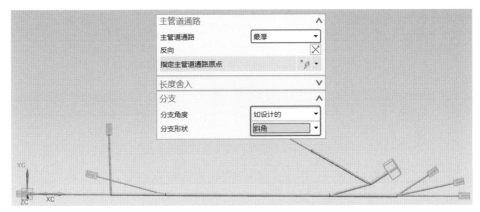

图8-24 "分支角度"设置为"如设计的"

"分支角度"设置为"标准角度","分支形状"设置为"斜角",如图8-25所示。

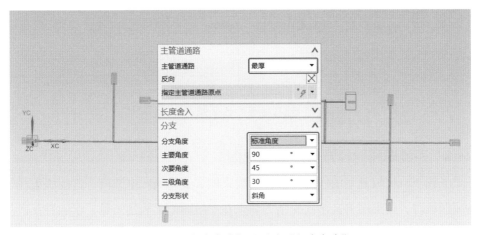

图8-25 "分支角度"设置为"标准角度"

"分支角度"设置为"最大角度","分支形状"设置为"斜角",如图8-26所示。

图8-26 "分支角度"设置为"最大角度"

"分支角度"设置为"随机角度","分支形状"设置为"笔直",如图8-27所示。

图8-27 "分支角度"设置为"随机角度"

8.4.3 通过调整路径方位修改成形板

工程上,比较复杂的线束一般称为线束网、线缆网或电缆网。这类线束在创建成形板时,线束端头会多次交错,要想在二维图纸上表达清楚,仅通过几次简单的设置是很难办到的。要将复杂的线束分支整理得清楚明了,就需要用到路径方位的手动设置。

1. 分支定位

分支定位是将线束分支重新旋转定位。分支定位的具体使用步骤如下。

（1）找到"主页"菜单中的"成形板"命令组，并将该命令组展开，找到"分支
定位"命令，并单击该命令。

（2）选择需要重新定位的分支路径段。

（3）输入旋转角度，或者直接拖动角度控制点进行调整。

参照图8-28所示的操作流程，即可完成分支的重新定位。

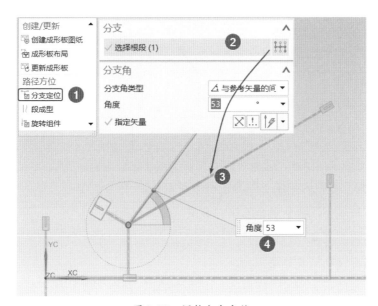

图8-28　调整分支定位

2. 段成型

段成型的类型有三种，分别是直线、样条和径向折弯。下面讲解一下具体使
用方法。

段成型类型的"直线"跟"分支定位"的使用步骤基本一致。

（1）找到"主页"菜单中的"成形板"命令组，并将该命令组展开，找到"段成
型"命令，并单击该命令。

（2）修改"类型"为"直线"。

（3）选择需要重新定位的分支段。

（4）输入旋转角度，或者直接拖动角度控制点进行调整。

如图8-29所示，通过"段成型"中的"直线"命令完成了对分支的重新定位。

针对线束网中有多根分支相互交叉的情况，也可以通过该方法进行调整。

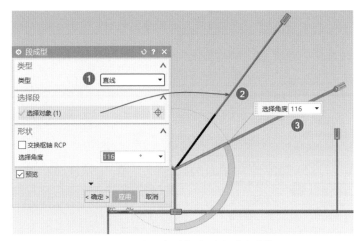

图 8-29 "段成型"类型为"直线"

"段成型"类型为"样条"的使用步骤如下。

（1）单击"段成型" 📇 命令，修改"类型"为"样条"。

（2）选择需要重新定位的分支段。

（3）根据实际情况新建样条点。

如图 8-30 所示，通过"段成型"中的"样条"命令完成了对分支的重新定位。对于线束网中有多根分支相互交叉和某根电缆（电线）较长的情况，也可以通过该方法进行调整。

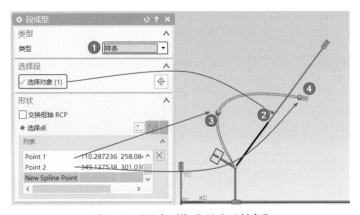

图 8-30 "段成型"类型为"样条"

"段成型"类型为"径向折弯"的使用步骤如下。

（1）单击"段成型"命令，修改"类型"为"径向折弯"。

（2）选择需要重新定位的分支段。

（3）选择折弯"方法"，设置"半径"。

（4）根据实际需要设定折弯参考点。

如图8-31所示，通过"段成型"中的"径向折弯"命令完成了对分支的重新定位。对于线束网中有多根分支相互交叉和某根电缆（电线）较长的情况，也可以通过该方法进行调整。

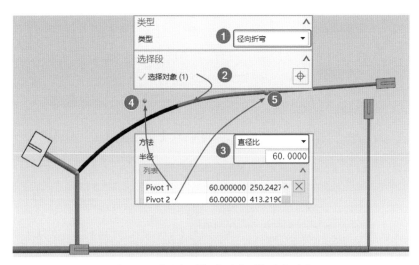

图8-31 "段成型"类型为"径向折弯"

3. 旋转组件

在成形板中，由于有些连接器、插头和端子不易辨认外形（只有一个平面视图），容易导致生产工人理解错误，从而影响生产效率。NX CAD三维布线模块允许在成形板中对线束端头部件进行旋转，用户可以使用该功能选取合适的视图方向以便使其从外形上更易识别。

这里以"24芯端子"为例进行讲解。注意，这里并不是说"24芯端子"不易识别，而是讲解旋转组件的使用方法。

（1）找到"主页"菜单中的"成形板"命令组，并将该命令组展开，找到"旋转组件" 命令，并单击该命令。

（2）选择"24芯端子"作为旋转组件。

（3）选择路径轴。

（4）输入旋转"角度"。

参照图8-32进行操作，单击"确定"按钮即可完成该端子的旋转设置，旋转后的效果如图8-33所示。

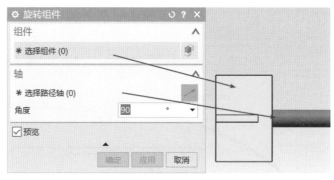

图8-32　旋转组件

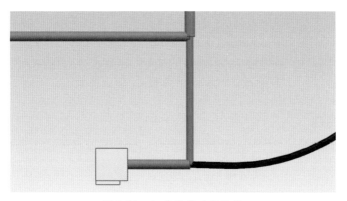

图8-33　组件旋转后的效果

8.5　工程出图

调整好的成形板如图8-34所示，分支清晰明了，便于识别。根据最终的成形板进行工程出图，即将展平的三维线束绘制成二维图纸，以便车间工人参照图纸生产制作。

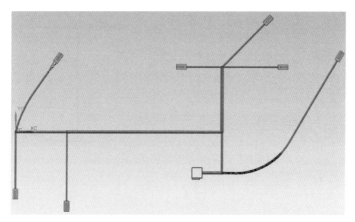

图8-34　最终成形板

8.5.1　初步绘制二维图纸

工程出图的一般流程如下。

（1）单击"应用模块"主菜单中"设计"命令组中的"制图" 命令，如图8-35所示，就可以开始制作二维图纸。

图8-35　"制图"命令

（2）在"视图创建向导"里面选定需要制作二维图纸的线束部件，如图8-36所示。

在这里也可以对视图进行其他设置，比如视图的选项、视图的方向和视图的布局等。

（3）单击"完成"按钮，二维图纸就会自动绘制出来，如图8-37所示。

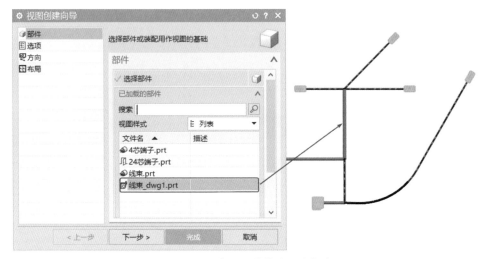

图 8-36　加载需要制作图纸的部件

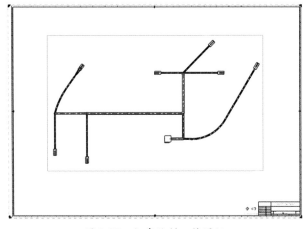

图 8-37　初步绘制二维图纸

至此，线束二维图已初步绘制好。

8.5.2　进一步完善二维图纸

三维线束要想在二维图纸上表达清楚以便于车间工人生产加工，还需要增加一些明细和注释。

1. 简单明细表

明细表对一张线扎图来说是非常重要的。由于每个单位或用户对明细表内容的要求不一样，这里仅简单介绍一下明细表的调出使用方法。

（1）单击"主页"主菜单下的"表"命令组中的"零件明细表" 命令，如图 8-38所示。

图8-38 "零件明细表"命令

（2）参照图8-39所示的流程对"零件明细表"进行设置。注意，这里需要设置明细表统计的范围，设置的范围不同，明细表统计的信息和数量也不同。如果设置不当，自动统计的数量可能会是实际数量的2倍。还要注意，在"顶层装配"选项中，选择"子级子部件"。另外，还需要对字体进行设置，否则中文字体可能显示不出来，这里采用"仿宋2312"作为选用字体。

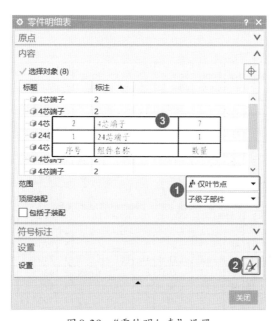

图8-39 "零件明细表"设置

至此，简单明细表设置完成。

2. 添加注释

NX CAD三维布线模块中针对三维管线布置有一个专门的主菜单——"行业"。如果主菜单上没有显示该菜单命令，则需要将"行业"菜单调出。操作方法为右键单击主菜单空白处，然后在弹出的快捷菜单中选中"行业"，如图8-40所示。

下面将结合生产实际，讲解下料长度表注释、引脚列表和路径长度注释三种命令的设置和使用方法。

下料长度表注释。单击"行业"主菜单下面的"成形板注释"命令组中的"下料长度表注释" 命令，就可以建立注释，如图8-41所示。

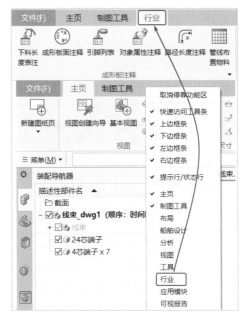

图8-40　调出"行业"菜单

unique_id	type	from_comp	from_conn	from_port	to_comp	to_conn	to_port	length	cut_length
WS01-14	AF	□□□	□□J3	4	□□□1	□□□1	4	1033.13	1100
WS01-5	AF	□□□□	□□OUT	7	□□□	□□J5	1	400	430
WS01-1	AF	□□□□	□□OUT	1	□□□	□□IN	1	480	530
WS01-10	AF	□□□□	□□OUT	12	□□2	□□2	3	710	760
WS01-8	AF	□□□□	□□OUT	10	□□□	□□J5	4	400	430
WS01-3									530
WS01-18									1040
WS01-16									1040
WS01-7									430
WS01-6									430
WS01-17	AF	□□□	□□J8	3	□□□		3	970	1040
WS01-9	AF	□□□	□□OUT	11	□□2	□□2	1	710	760
WS01-2	AF	□□□	□□OUT	2	□□□	□□IN	2	480	530
WS01-15	AF	□□□	□□J8	1	□□□		1	970	1040
WS01-12	AF	□□□	□□J3	2	□□□1	□□□1	2	1033.13	1100
WS01-13	AF	□□□	□□J3	3	□□□1	□□□1	1	1033.13	1100
WS01-11	AF	□□□	□□J3	1	□□□1	□□□1	1	1033.13	1100
WS01-4	AF	□□□	□□OUT	4	□□□	□□IN	4	480	530

图8-41　下料长度表注释

可以看到，刚建立的注释表头显示为英文，而且字体显示有问题，为了符合大多数人的使用习惯，需要将其调整一下。双击"unique_id"，将其改为中文"电线名称"，如图8-42所示。

unique_i d	typ e	from_comp	from_c onn	from_ port	to_co mp	to_co nn	to_p ort	length	cut_l engt h
WS01-14	AF	□□□	unique_id	1	□□□	□1	4	1033.13	1100
WS01-5	AF	□□□	□□OUT	7	□□□	□J5	1	400	430
WS01-1	AF	□□□	□□OUT	1	□□□	□IN	1	480	530
WS01-10	AF	□□□	□□OUT	12	□2	□□2	3	710	760

图8-42 修改表头

修改其余表头项目，然后调整显示字体为"仿宋2312"，得到的下料长度表注释如图8-43所示。

电线名称	型材	起始组件	起始端子	起始引脚	末端组件	末端端子	末端引脚	长度	下料长度
WS01-14	AF	检测器	检测J3	4	电压表1	电压表1	4	1033.13	1100
WS01-5	AF	便携电源	电源OUT	7	检测器	检测J5	1	400	430
WS01-1	AF	便携电源	电源OUT	1	转换器	转换IN	1	480	530
WS01-10	AF	便携电源	电源OUT	12	电压表2	电压表2	3	710	760
WS01-8	AF	便携电源	电源OUT	10	检测器	检测J5	3	400	430
WS01-3	AF	便携电源	电源OUT	3	转换器	转换IN	3	480	530
WS01-18	AF	检测器	检测J8	4	电流表	电流表	4	970	1040
WS01-16	AF	检测器	检测J8	2	电流表	电流表	2	970	1040
WS01-7	AF	便携电源	电源OUT	9	检测器	检测J5	3	400	430
WS01-6	AF	便携电源	电源OUT	8	检测器	检测J5	4	400	430
WS01-17	AF	检测器	检测J8	3	电流表	电流表	3	970	1040
WS01-9	AF	便携电源	电源OUT	11	电压表2	电压表2	1	710	760
WS01-2	AF	便携电源	电源OUT	2	转换器	转换IN	2	480	530
WS01-15	AF	检测器	检测J8	1	电流表	电流表	1	970	1040
WS01-12	AF	检测器	检测J3	2	电压表1	电压表1	2	1033.13	1100
WS01-13	AF	检测器	检测J3	3	电压表1	电压表1	3	1033.13	1100
WS01-11	AF	检测器	检测J3	1	电压表1	电压表1	1	1033.13	1100
WS01-4	AF	便携电源	电源OUT	4	转换器	转换IN	4	480	530

图8-43 调整好表头和字体

为了便于查找内容，以一个或多个排序规则进行排序，如图8-44所示。

加入排序规则后的注释如图8-45所示。

"下料长度表注释"涵盖了很多内容，这个表格不光可以指导线束的生产，还可以指导线束加工后的线缆敷设工作，即线束走向这个重要信息也在这个表格中得以体现。

图 8-44　加入排序规则

电线名称	型材	起始组件	起始端子	起始引脚	末端组件	末端端子	末端引脚	长度	下料长度
WS01-1	AF	便携电源	电源OUT	1	转换器	转换IN	1	480	530
WS01-2	AF	便携电源	电源OUT	2	转换器	转换IN	2	480	530
WS01-3	AF	便携电源	电源OUT	3	转换器	转换IN	3	480	530
WS01-4	AF	便携电源	电源OUT	4	转换器	转换IN	4	480	530
WS01-5	AF	便携电源	电源OUT	7	检测器	检测J5	1	400	430
WS01-6	AF	便携电源	电源OUT	8	检测器	检测J5	2	400	430
WS01-7	AF	便携电源	电源OUT	9	检测器	检测J5	3	400	430
WS01-8	AF	便携电源	电源OUT	10	检测器	检测J5	4	400	430
WS01-9	AF	便携电源	电源OUT	11	电压表2	电压表2	1	710	760
WS01-10	AF	便携电源	电源OUT	12	电压表2	电压表2	2	710	760
WS01-11	AF	检测器	检测J3	1	电压表1	电压表1	1	1033.13	1100
WS01-12	AF	检测器	检测J3	2	电压表1	电压表1	2	1033.13	1100
WS01-13	AF	检测器	检测J3	3	电压表1	电压表1	3	1033.13	1100
WS01-14	AF	检测器	检测J3	4	电压表1	电压表1	4	1033.13	1100
WS01-15	AF	检测器	检测J8	1	电流表	电流表	1	970	1040
WS01-16	AF	检测器	检测J8	2	电流表	电流表	2	970	1040
WS01-17	AF	检测器	检测J8	3	电流表	电流表	3	970	1040
WS01-18	AF	检测器	检测J8	4	电流表	电流表	4	970	1040

图 8-45　排序后的注释

　　当然，不同用户有不同的规范和习惯，这里的"下料长度表注释"仅供大家参考。"下料长度表注释"中内容较多是源自笔者事先设定好的，如果用户事先没有修改设置就不会有这么多信息。

　　下面讲解一下在"下料长度表注释"中添加注释内容的方法。

（1）选中表格任意一列。这里需要注意，如果直接用鼠标选择一列，有时候该列不能被系统识别。所以应先选中某列上一个或数个单元格，再右键单击选定该列，如图 8-46 所示。

（2）在选中的该列任意区域，右键单击选择"设置" 🖊，如图 8-47 所示。

电缆名称	型材	起始组件	起始端子	起始引脚	末端组件	末端端子	末端引脚	长度	下料长度
WS01-1	AF	便携电源	电源OUT	1	转换器	转换IN	1	480	530
WS01-2			电源OUT	2	转换器	转换IN	2	480	530
WS01-3			电源OUT	3	转换器	转换IN	3	480	530
WS01-4			OUT	4	转换器	转换IN	4	480	530
WS01-5			OUT	7	检测器	检测J5		400	430
WS01-6						检测J5			430
WS01-7									430
WS01-8									430
WS01-9			OUT	11	电压表2	电压表2	1	710	760
WS01-1			OUT	12	电压表2	电压表2	3	710	760
WS01-1			J3	1	电压表1	电压表1	1	1033.13	1100
WS01-12	AF	检测器	检测J3	2	电压表1	电压表1	2	1033.13	1100

菜单：从列表中选择(L)... ／ 设置(S)... ／ 选择 → 行(R) / 列(L) / 表区域(T)　选择选定的单元格或表区域的列。 ／ 合并单元格(M) ／ 粗体(B) ／ 斜体(I) ／ 粘贴(P) Ctrl+V ／ 删除(D) Ctrl+D

图 8-46　选中某列

电缆名称		起始组件	起始端	起始引脚	末端组件	末端端子	末端引脚	长度	下料长度
WS01			OUT	1	转换器	转换IN	1	480	530
WS01						IN	2	480	530
WS01			OUT	3	转换器	转换IN	3	480	530
WS01			OUT	4	转换器	转换IN	4	480	530
WS01			OUT	7	检测器	检测J5	1	400	430
WS01-6		便携电源	电源OUT	8	检测器	检测J5	2	400	430
WS01-7	AF	便携电源	电源OUT	9	检测器	检测J5	3	400	430

菜单：从列表中选择(L)... ／ 设置(S)...　编辑选定表或零件明细表的设置。 ／ 插入 ／ 调整大小(R) ／ 选择 ／ 删除(D) Ctrl+D

图 8-47　调出列"设置"

（3）在"设置"的对话框中展开"零件明细表"，单击"列"，再在右边"内容"主题中单击"属性名称"按钮，查看可以添加的属性，如图8-48所示。

（4）选中"型材"这列，并在右侧插入一列，如图8-49所示。

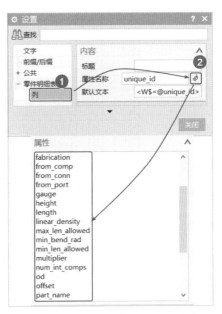

图 8-48　查看设置列中可以添加的属性

电线名称	型材		起始端	起始引脚	末端组件	末端端子	末端引脚	长度	下料长度
WS01-1	A		OUT		转换器	转换IN	1	480	530
WS01-2	A				转换器	转换IN	2	480	530
WS01-3	A						3	480	530
WS01-4	A		OUT	4	转换器	转换IN	4	480	530
WS01-5	AF	便携电源	电源OUT	7	检测器	检测J5	1	400	430

(菜单项: 从列表中选择(L)..., 设置(S)..., 插入 ▶, 调整大小(R), 选择, 删除(D) Ctrl+D; 子菜单: 在左边插入列(L), 在右边插入列(R) — 在选定列的右边插入一列。)

图 8-49　插入列

（5）添加列的表头，内容标题为颜色（color），如图 8-50 所示。注意，这里添加的属性必须为步骤（3）中能看到的属性，否则不能自动统计信息。

（6）查看修改后的表格，新增表头显示为"color"，将其手动修改为"颜色"，修改后如图 8-51 所示。表头新增成功，

图 8-50　添加表头

事先设定好的对应的颜色信息就会显示出来，如果电线连接创建时没有定义颜色（color）信息，具体的颜色信息就不会显示在该表格中。

电线名称	型材	颜色	起始组件	起始端子	起始引脚	末端组件	末端端子	末端引脚	长度	下料长度
WS01-1	AF	灰	便携电源	电源OUT	1	转换器	转换IN	1	480	530
WS01-2	AF	红	便携电源	电源OUT	2	转换器	转换IN	2	480	530
WS01-3	AF	红	便携电源	电源OUT	3	转换器	转换IN	3	480	530
WS01-4	AF	黑	便携电源	电源OUT	4	转换器	转换IN	4	480	530
WS01-5	AF	灰	便携电源	电源OUT	5	检测器	检测J5	1	400	430
WS01-6	AF	黄	便携电源	电源OUT	8	检测器	检测J5	2	400	430
WS01-7	AF	灰	便携电源	电源OUT	9	检测器	检测J5	3	400	430
WS01-8	AF	黑	便携电源	电源OUT	10	检测器	检测J5	4	400	430
WS01-9	AF	黄	便携电源	电源OUT	11	电压表2	电压表2	1	710	760
WS01-10	AF	黑	便携电源	电源OUT	12	电压表2	电压表2	3	710	760
WS01-11	AF	黄	检测器	检测J3	1	电压表1	电压表1	1	1033.13	1100
WS01-12	AF	红	检测器	检测J3	2	电压表1	电压表1	2	1033.13	1100
WS01-13	AF	黑	检测器	检测J3	3	电压表1	电压表1	3	1033.13	1100
WS01-14	AF	红	检测器	检测J3	4	电压表1	电压表1	4	1033.13	1100
WS01-15	AF	黑	检测器	检测J8	1	电流表	电流表	1	970	1040
WS01-16	AF	黄	检测器	检测J8	2	电流表	电流表	2	970	1040
WS01-17	AF	红	检测器	检测J8	3	电流表	电流表	3	970	1040
WS01-18	AF	灰	检测器	检测J8	4	电流表	电流表	4	970	1040

图 8-51　添加列后的下料表注释

引脚注释即统计电气组件的引脚使用情况。引脚注释与下料表注释的设置方法基本一致，直接单击"引脚列表" ![]命令就可以进行操作。下面以"24芯端子"为例，讲解引脚注释的用法。

先单击"引脚列表" ![]命令，然后选择被注释的电气组件，如图8-52所示。

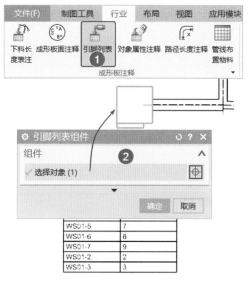

图 8-52　添加引脚注释

单击"确定"按钮，即可完成引脚注释表格的添加，如图8-53所示。

参照下料表注释，对表格进行设置，得到图8-54所示的注释表格。

unique_id	from_port
WS01-8	10
WS01-10	12
WS01-1	1
WS01-4	4
WS01-9	11
WS01-5	7
WS01-6	8
WS01-7	9
WS01-2	2
WS01-3	3

图 8-53　引脚注释表格

24芯端子	
电线名称	引脚
WS01-1	1
WS01-2	2
WS01-3	3
WS01-4	4
WS01-5	7
WS01-6	8
WS01-7	9
WS01-8	10
WS01-9	11
WS01-10	12

图 8-54　修改后的引脚注释表格

路径长度注释为添加整个路径段、某分支段和某小段的长度标注的专用命令，与二维零件图纸标注尺寸类似。标注的长度注释是线束生产和检验的重要依据。下面简单地讲解一下该命令的使用方法。

（1）单击"行业"菜单下"成形板注释"命令组的"路径长度注释"  命令，如图8-55所示。

图8-55 "路径长度注释"命令

（2）选择"管线布置路径长度"作为选取方法来添加长度注释。参照图8-56选择一段路径进行标注。

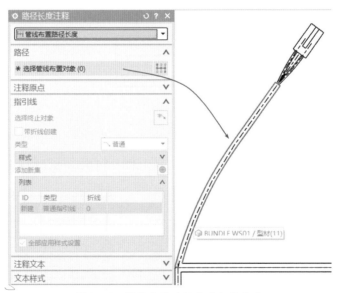

图8-56 管线布置路径长度标注方法

（3）单击"确定"按钮，即可完成路径长度注释，长度注释信息如图8-57所示。

（4）修改路径标注方法为"曲线上的点"，再分别选取需要标注的两个端点，操作流程如图8-58所示。

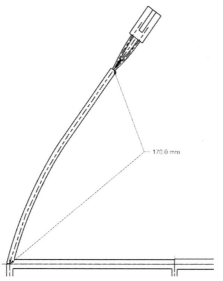

图8-57 "管线布置路径长度"标注完成

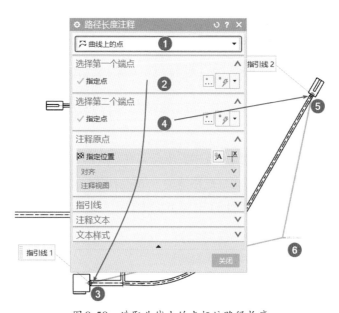

图8-58 选取曲线上的点标注路径长度

将标注拖曳到适当位置，然后单击鼠标左键进行放置，最终效果如图8-59所示。

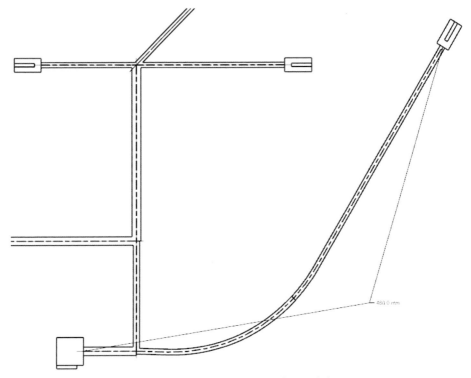

图 8-59   两点之间的路径长度标注完成

有兴趣的读者可以根据上面的方法，完成其他端子的注释和路径段长度的标注。

3. 线束技术要求

作为工程图纸，给定明确的技术要求是非常重要的。凡是不能在图形中表达清楚的生产制作要求，应用文字描述清楚。虽然不同单位对线束生产制作的技术要求有一定的区别，但是也有以下几个共同点。

（1）说明应遵循的标准规范。

（2）热缩管、硅橡胶等线束辅料的使用。

（3）线束测试，包括通断测试、电磁兼容测试、振动试验测试和高低温实验测试等。

一张完整的工程图必须能够正确指导车间生产加工。图 8-60 所示的工程图样可供读者参考。

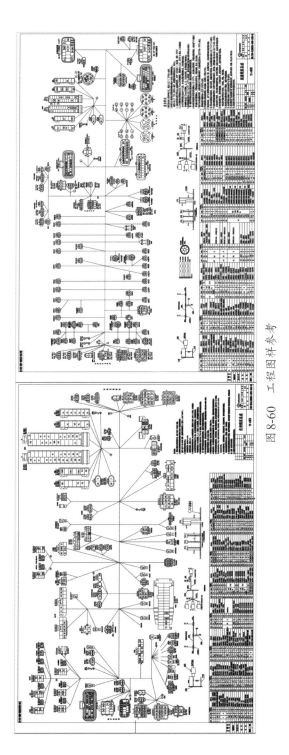

图 8-60 工程图样参考

8.6 小结

本章讲解了关键操作的复查、成形板的创建和二维图纸的绘制等知识点。

关键操作的复查对于初学者来说是非常重要的工作。对关键环节的错误操作进行复查是件非常困难的事情，特别是找不到端口这类情形更是如此。为了尽可能降低出错的可能性，应该养成一个好的习惯，按照一定的操作规范进行操作，在三维布线之初，就保证输入的正确性。

成形板的创建，一般要求是只需把线束分支展开，使得线束走向清晰明确即可。特别是对于较为复杂的线缆网，要把线束走向表达明白，就需要多次利用分支定位、段成型和旋转组件等命令对其进行调整，必要时还可以在成形板中直接编辑路径的形状。

二维工程图是为了把线束的设计意图通过二维的形式表达出来。要指导线束的生产制作，图纸上除了需要表达成形板中的线束形状走向之外，还需要表达电线型材、长度、连接关系和技术要求等重要信息。

第9章
工程应用探究

在工程实际中，线缆或线束一般先是设计人员通过对系统、子系统和单机等进行原理设计，然后再由其他设计或工艺人员根据原理需求对各子（分）系统、设备（单机）和器件进行布线设计。本章将应用NX CAD三维电气布线技术解决一些实际的工程问题。

9.1 简单线缆

在实际生产中，有些线缆没有指定连接的设备，比如测试线缆和通用功能线缆等。这时候得到的信息就是线缆的端头名称、引脚对应关系、电线型材和长度等信息，然后需要根据这些信息直接绘制线缆。

图9-1所示为计算机主机的硬盘串联排线（扁平电缆），是生活中最常见的排线之一，下面将以这类排线为例，讲解其绘制方法。

图9-1 常见排线

在绘制排线之前，先来分析一下排线的可能画法。

第一种是直接进行单根绘制，即先引脚一对一绘制一根电线，再按照引脚的间距进行复制平移。以这种方法绘制的电线模型与实物类似，能很好地满足视觉需求，而且针对不同引脚可以单独定义电性能参数。不过，对于绘制扁平线缆的需求来说，一方面只需确定一个引脚位置，余下的引脚位置会自行正确匹配；另一方面对于确定的扁平线缆，它的型材只为一种，只是内部含有多根电线而已。如果针对引脚一对一绘制每根电线的话，就会存在数倍电线型材，在后期出图统计时型材数量与实际不符。因此排线不能采用这种方法进行绘制。

第二种是绘制扁平线缆。一般情况下，电线为圆形，NX CAD三维布线模块中提供了两种线缆形式：一种为圆形，另一种为矩形。因此，可以直接绘制一根矩形线缆来代替扁平电线，虽然这样绘制的线缆模型在外观上与实物有一定的区别，但是这样绘制的电线型材只有一种，并且不会重复统计，与实际一致。

下面以10芯牛角插头排线为例，讲解排线的绘制。

（1）绘制"牛角插头"三维模型，或者从网上下载，模型如图9-2所示。

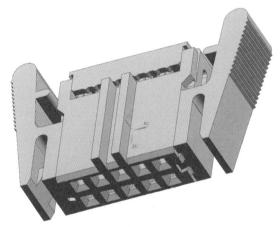

图9-2 "牛角插头"模型

（2）对"牛角插头"进行审核定义（参见2.3节审核定义方法）。其实，使用过程中只需用到一个引脚，这里所有引脚全部创建。审核定义后的牛角插头如图9-3所示。

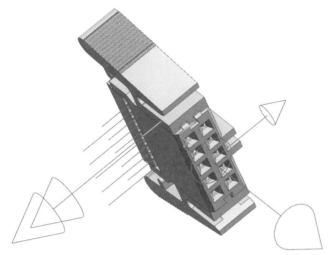

图9-3　审核定义后的"牛角插头"

（3）新建"牛角排线.prt"文件，在该文件中放置两个审核定义后的"牛角插头"部件，然后用一条样条路径通过多端口将两个"牛角插头"连接起来，如图9-4所示。

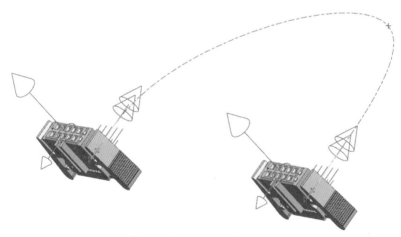

图9-4　连接两个"牛角插头"

（4）新建电线连接，如图9-5和图9-6所示。具体操作步骤这里不再赘述，有需要的读者请参照前面章节自行新建电线连接。

图9-5　新建电线连接1

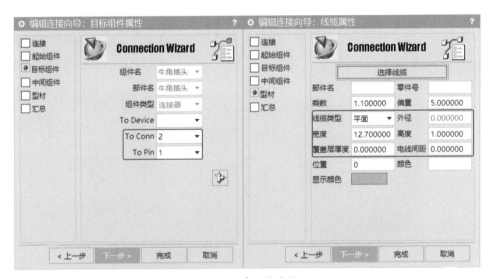

图9-6　新建电线连接2

上述操作无法输入型材，而创建单根电线连接时可以输入型材。针对这个问题，有两种解决办法：一是在后续创建二维图纸时的明细表或下料长度表注释中的"型材"这项（因无输入，系统无法自动填充），直接手动输入，如图9-7所示；二是在电缆下面再建立一根普通电线连接，建立时输入"型材"，这样一来，在二维出图时"型材"这一项才不会出现空白，但是却多一条统计明细，如图9-8所示。

电线名称	型材	起始组件	起始端口	末端组件	末端端口	长度	下料长度
PX001	UL2651	1	2	190	210		

图9-7 在注释表中手动输入型材

电线名称	型材	起始组件	起始端口	末端组件	末端端口	长度	下料长度
PX001	UL2651	1		2		190	210
PX001-1		1		2		190	210

图9-8 注释表自动输入型材

由图9-8可见，由于多一条统计信息，在图纸中可能会引起误解，因此建议采用第一种方法——手动输入型材。

（5）电线连接建立后，接着进行管线布置，绘制出三维排线模型。

如图9-9所示，排线型材与牛角插头不匹配，需要对其进行扭转。

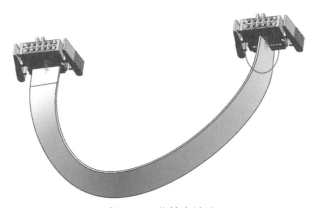

图9-9 三维排线模型

（6）型材扭转。在"主页"主菜单中找到"线束"命令组，单击"型材扭转"命令，然后选择需要扭转的型材，手动拖曳角度调以整控制点或者直接输入角度数值。操作流程如图9-10所示。

单击"确定"按钮后，查看型材扭转的情况。如未调整到位，重复上面的操作，确保型材与牛角插头匹配，如图9-11所示。

（7）根据需要使用"型材折叠"命令。这里讲解一下型材折叠的使用方法：在"主页"主菜单中找到"线束"命令组，单击"型材折叠"命令，然后选择型材，设置折叠参数，如图9-12所示。

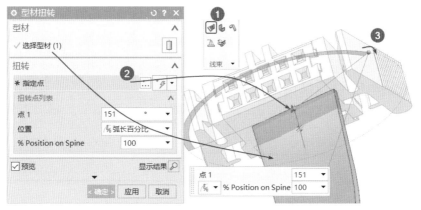

图 9-10　型材扭转

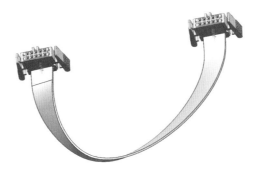

图 9-11　型材扭转后的排线

图 9-12　型材折叠

单击"确定"按钮，完成型材折叠的设置。折叠后的排线效果如图9-13所示。

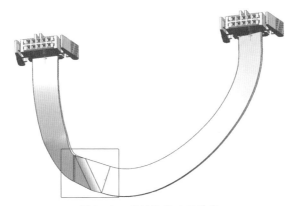

图9-13　型材折叠后的排线

（8）标记引脚1的颜色。在工程上，排线中代表连接引脚1的电线颜色与其他引
脚电线颜色不同。在NX CAD三维电气布线模块中，对于引脚1的颜色设定
有专门的操作命令。操作流程参照图9-14，在"主页"主菜单中找到"线
束"命令组，单击"引脚1ID颜色"命令，选择"型材面"，设定"颜色"。

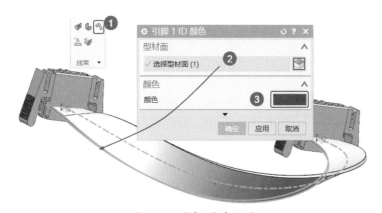

图9-14　引脚1颜色设置

设定引脚1颜色后，查看排线。可以看到，排线已添加引脚1的颜色，如图
9-15所示。

在实际工程中，还有另外一类排线，这类排线的各电线独立，颜色各不相
同，如图9-16所示。下面讲解一下这种排线的绘制方法。

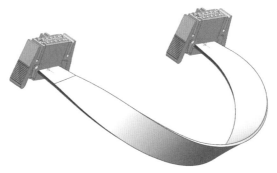

图9-15　引脚颜色设定后的排线

图9-16　端子类排线

（1）建立端子模型，或者从网上下载。这里以"11芯端子"为例，模型如图9-17所示。

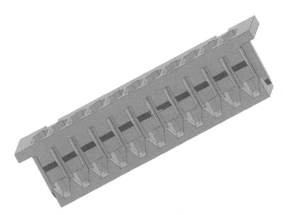

图9-17　"11芯端子"模型

（2）连接端口与多端口的定义。参照第2章相关章节进行定义，这里不再赘述。完成定义后的模型如图9-18所示，具有连接端口信息。

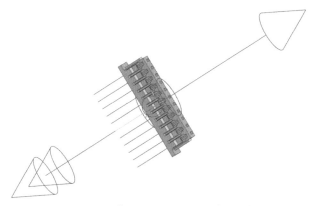

图9-18　审核定义后的"11芯端子"

（3）新建"电子线.prt"文件，在该文件中放置两个审核定义后的"11芯端子"，然后用一条样条路径将两个"11芯端子"相同位号的端子（插针位号）连接起来。

（4）复制路径。单击"主页"主菜单中"路径"命令组中的"变换路径" 命令，选择步骤（3）绘制的样条路径作为需要复制的"管线布置对象"，采用"点到点"的变换方法进行复制，具体步骤参见图9-19。

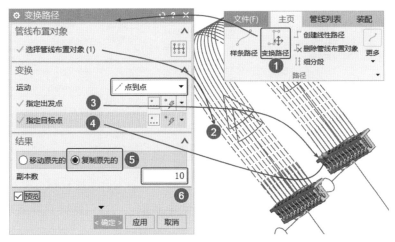

图9-19　复制路径

勾选"预览"查看效果，如图9-20所示。确认预览效果为需要的状态后单击"确定"按钮。

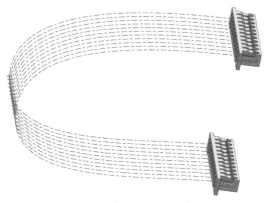

图9-20　样条路径全部创建完成

（5）新建电线连接。具体操作步骤这里不再赘述，有需要的读者请参照前面章节自行新建电线连接。建议"Wire ID"（电线名称）从W1开始直到W11，注意引脚的对应关系，即端子1的引脚p1对应端子2的引脚p1，依此类推，如图9-21所示。

图9-21　建立电线连接1

这里11根电线的"类型"统一设置为"AWG"，"外径"为1.25，"颜色"各不相同，如图9-22所示。

图9-22　建立电线连接2

（6）建立完所有电线连接后，接着布置管线，绘制出三维线缆模型。如有需要，可以调整端子的颜色，使其更逼真，如图9-23所示。

（7）制作成形板，绘制二维线束图，列出"下料表注释"表格，查看电线数据信息，如图9-24所示。

图9-23　排线绘制完成

电线名称	型材	起始端子	起始引脚	末端端子	末端引脚	长度	下料长度
W1	AWG	端子1	p1	端子2	p1	100	110
W2	AWG	端子1	p2	端子2	p2	100	110
W3	AWG	端子1	p3	端子2	p3	100	110
W4	AWG	端子1	p4	端子2	p4	100	110
W5	AWG	端子1	p5	端子2	p5	100	110
W6	AWG	端子1	p6	端子2	p6	100	110
W7	AWG	端子1	p7	端子2	p7	100	110
W8	AWG	端子1	p8	端子2	p8	100	110
W9	AWG	端子1	p9	端子2	p9	100	110
W10	AWG	端子1	p10	端子2	p10	100	110
W11	AWG	端子1	p11	端子2	p11	100	110

图9-24　下料表注释

"下料表注释"表格中，线束型材各自单独统计，符合工程的实际情况。

9.2 可变形线缆

在实际工程中，经常遇到两根完全相同的电缆连接到不同的端口或者同一根电缆可以被多次利用连接到不同端口上的情况。在 NX CAD 的布线模块中，同样也可以实现一线多用的功能。要满足一线多用或者重复使用的根本要求是电线可以自适应地改变其形状，即定义成可变形电线。可变形电线定义成功后，由于其可以反复使用，从而大大地提高了布线效率。

下面具体讲解一下可变形电线的设计，以 RJ45 网线为例，设计一根可变形的线缆（网线）。

（1）对 RJ45 水晶头进行建模，建模后对其进行审核定义。电气部件的审核定义，请参考前面章节的相关内容。定义完成后的 RJ45 水晶头如图 9-25 所示。

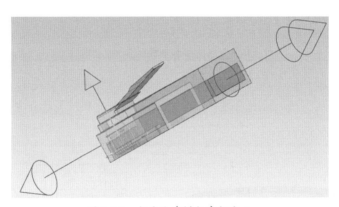

图 9-25　水晶头建模与审核定义

（2）新建一个"可变线缆.prt"文件，并放置两个"RJ45 水晶端子"，然后通过一条样条路径将其连接起来，如图 9-26 所示。

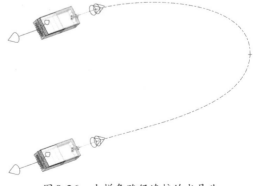

图 9-26　由样条路径连接的水晶头

（3）建立电线连接。具体操作流程与其他电线连接操作完全一致，如图9-27和图9-28所示。

图9-27　建立电线连接1

图9-28　建立电线连接2

为了简单地讲解可变形电线的创建方法，本例只建立一根电线，读者也可以重复上述操作，完善线缆其他电线的创建。

（4）管线布置，生成三维线缆，如图9-29所示。

图9-29　线缆初步建立

至此，三维线缆电线建立完成，操作方法跟普通三维线束完全一致。

这里思考一下，要建立一根可以变化的线缆，需要哪些是一定不能变化的，哪些是可以变化的，然后综合考虑线缆该如何设定。显然，不希望发生变化的是审核定义好的端子、定义好的型材和定义好的长度，可以变化的是端子的位置、线缆的形状。

（5）定义可变形部件。在"菜单"的下拉菜单中单击"工具"，展开后再单击"定义可变形部件"命令，如图9-30所示。

"定义"选项中不需要设置，直接进行"特征"定义。选中左边"部件中的特征"列表框中的"Stock"，单击右向箭头，将其添加到右边"可变形部件中的特征"的列表框内，然后单击"完成"按钮。"定义可变形部件"命令的操作流程如图9-31所示。

图9-30　"定义可变形部件"命令

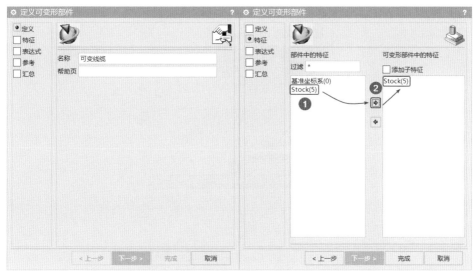

图9-31 定义可变形部件

保存该部件，这时可变形线缆就可以使用了。下面接着讲解一下可变形线缆的使用。

（1）打开第9章素材文件夹中的"数据交换.prt"文件，如图9-32所示，并激活布线模块。

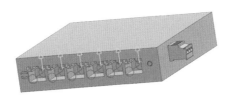

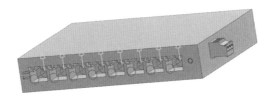

图9-32 打开模型

（2）单击"放置部件"按钮，找到上面定义的"可变线缆"这个文件，如图9-33所示。

图 9-33　放置部件

选取"P6高速数据模块"的一个端口作为放置位置点，如图9-34所示。

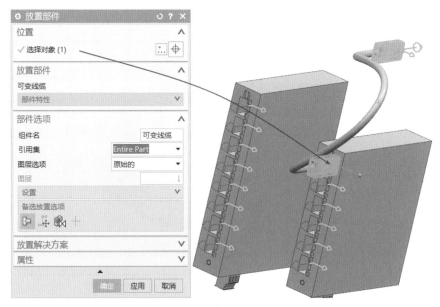

图 9-34　选定放置位置

可以看到，可变形线缆的一端已经连接到设备，另一自由端在外侧，需要单独将其进行移动并连接到另外设备的端口上。

（3）移动部件。采用"放置对象" 🔧 的方法，选择可变形线缆的另一自由端（水晶头）作为移动部件，如图9-35所示。

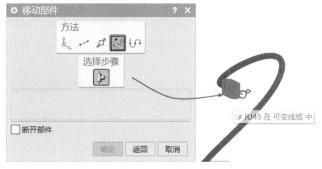

图9-35　移动部件

弹出"移动组件"对话框，单击"是"按钮，如图9-36所示。

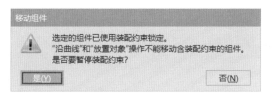

图9-36　移动部件提醒

（4）放置对象。选中"P8高速数据模块"中的一个端口作为放置位置，如图9-37所示。

（5）锁定接合。在弹出的"确认方位"对话框中勾选"锁定接合"复选框，并单击"确定"按钮，如图9-38所示。

可变形线缆放置并连接完成，效果如图9-39所示。

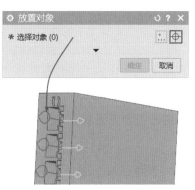

图9-37　放置可变形线缆的自由端

图9-38　锁定接合

图9-39　可变形线缆连接的两个设备

（6）重复上面的放置步骤，多放置几根可变形线缆，效果如图9-40所示。

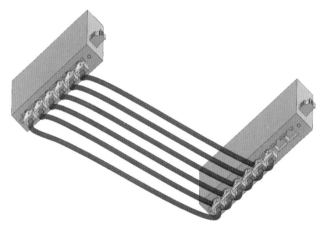

图9-40　多根可变形线缆连接的两个设备

至此，完成了可变形线缆的设计，并将其放置到工程文件中进行连接使用。可变形线缆连接在固定的设备上，系统通过调整该线缆的形状以达到连接的目的。下面再对可变形线缆实际使用的知识点做进一步延伸讲解。

手动调整可变形线缆的形状。

打开"P6高速数据模块"，参照上面所讲内容将可变形线缆连接到同一设备的两个端口上，如图9-41所示。

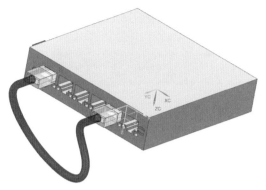

图 9-41　将可变形线缆连接到同一设备上

可变形线缆自适应改变的形状不太理想，这时就需要手动调整。如图 9-42 所示，双击型材，选中需要调整的点，进行调整。

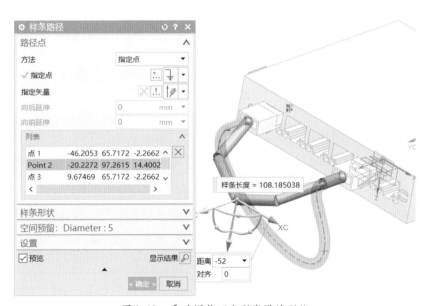

图 9-42　手动调整可变形线缆的形状

值得一提的是，这里通过调整样条路径点，改变了样条的路径曲线长度，线缆长度看似发生了很大变化，实际上系统认定的长度不变——为定义可变形线缆之前的长度。单击"确定"按钮查看效果，如图 9-43 所示。

图9-43　手动调整后可变形线缆的形状

　　根据上述操作容易发现，手动调整可变形线缆其实就是直接编辑样条控制点的位置。这样有一个好处是，在三维布线时，可以手动调整样条路径来改变线缆的形状而不改变线缆的长度。如果对没有定义为可变形状特性的线缆进行调整，其实际长度则会随之发生变化。

　　通过移动连接的设备以调整可变形线缆的形状。

　　在三维布线实际操作中一般不需要移动设备，这个操作方法看似没有什么意义，然而对于在使用过程中需要运动或移动的设备，就很有用处了。

　　比如，安装在机柜上机箱与机箱之间的线缆，由于对机箱内的设备调试和检修时需要将机箱拉出一定距离（不完全抽离机柜），在工程实践中，线束一般不需要拔出或者不方便拔出，这就要求布线时考虑足够的长度。要快速计算该电线所需的长度，就可以定义一根可变形线缆，然后通过可变形线缆调整后的实际长度确定最终需要的线缆长度。

　　同样地，比如工程上安装在升降平台上的天线座，在非工作状态时隐藏在天线舱内，在工作时通过升降平台将其举升到舱外。这类结构设备在三维布线时，要依据实际情况进行必要的余量预留。没有经过三维布线计算而直接测量三维模型或者根据现场测量得到的长度，很可能造成线束过长或过短，而使用可变形线缆，就能较快地计算线缆所需的长度。

　　这里简单讲解一下通过移动设备来确定线缆长度的操作流程。

（1）参照前面内容设计一根可变形线缆，这里直接使用之前定义的线缆。

（2）新建一个模型并将其命名为"全景探头.prt"，装配好升降机构，然后放置"探头"和"P6高速数据模块"。装配与放置如图9-44所示。

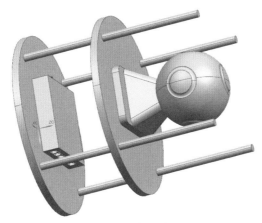

图9-44 模型设备的装配与放置

（3）为了方便移动，添加一个"胶合" 装配约束，如图9-45所示，使探头与升降平台一起运动。

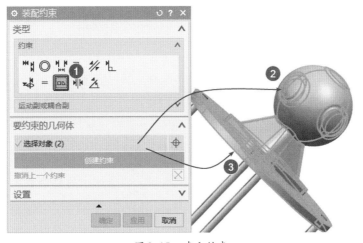

图9-45 建立约束

（4）放置可变形线缆，并拉动升降平台直至升降杆顶端，如图9-46所示。

图9-46 拉动升降平台

（5）双击该可变形线缆，使其成为工作部件，并选中型材——样条路径，如图9-47所示。

图9-47 选中样条路径

（6）单击"分析"主菜单中的"测量" <u>	</u> 按钮，测量选中的样条长度，如图9-48所示。

为了更为准确地计算线缆所需的长度，读者可以调整可变形线缆的样条路径点，使线缆更贴合实际的敷设路径。当然，需要绘制全部三维线束的读者就大可不必采用这种方法，应直接根据升降平台的最大位移进行布线建模。

图 9-48　测量样条路径的长度

9.3　线缆网

　　线缆网是由多根线缆组成的电缆，由于存在电缆端头共用的情况，造成电缆相互牵扯交错成网状，工程上一般称这类线缆为线缆网或电缆网。

　　在实际工程中存在这样一种情形：受限于自身薄弱的线缆设计能力，或者没有足够的人员、时间投入线缆的设计生产工作，总体设计单位（比如某些无人机、汽车等研制单位）仅根据总体设计的系统原理，出具线缆网明细表（包含连接点号、型材、连接器、长度等），将线缆设计、生成全部交由专业的线缆类的协作单位进行设计和生产。

　　这样做，一方面，保护了总体单位项目的商业秘密；另一方面，协作单位对整个系统组成并不清楚，客观上增加了难度。传统的协作单位应对这类业务的主要流程如下。

　　（1）标记明细表中连接线缆较多的连接器；

　　（2）选定标记的连接器作为电缆网分支的起点，采用"一对多"的方法逐一找到这些连接器，并绘制成电缆分支图；

　　（3）对电缆分支图中的连接器没有再分支的，标记结束；

　　（4）对电缆分支图中的连接器还有分支的（这类情况在复杂线缆网中存在较多），继续采用"一对多"的方法往下逐一找到这些连接器，并绘制线缆图；

（5）对存在共用的连接器则需要特别说明，并标记出来；

（6）对各电缆分支图进行汇总，即将共用连接器的线缆分支图合并到一张图纸中。

以上为传统电缆网绘制的一般流程，不过因为存在多个连接器共用的普遍情况，造成线缆网分支之间相互交错，很难直接绘制出完整的二维图纸。线缆设计者往往仅完成至流程的第（5）步，这样图纸表达虽然完整无误，但是对于实际生产制作的工人来说，却是增加了很大的难度。他们在读图时很可能会丢失一些连接器相互共用的重要信息，造成在实际生产中出现制作好的两组或多组电缆网在验收时才被发现电缆网还存在一个或多个连接器为共用的情况，即需要拆除某根电缆，将电缆网再拼接起来，这样一来，对各方都造成了一定的损失。

比如，依据电缆网明细表绘制的线缆网如图9-49和图9-50所示。

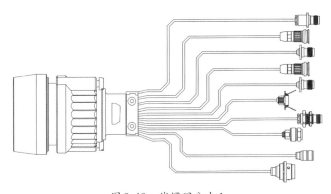

图9-49　线缆网分支1

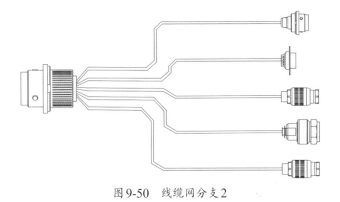

图9-50　线缆网分支2

在完成交检时，检验人员根据线缆网的制作要求，确定线缆网分支1和分支2存在一个共用连接器，线缆网分支1和分支2应该组合成一组线缆网，如图9-51所示。这样一来，就需要解焊一个连接器，然后对两分支进行连接。

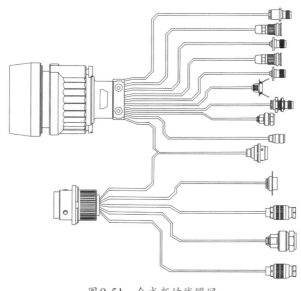

图9-51　合成新的线缆网

如果在设计之初就充分考虑共用连接器，工人参照图9-51的合成线缆网进行加工制作则不会出现上述状况。鉴于此，线缆网合成是线缆网一项重要的工作，也有相当的难度。要想完成线缆网的合成，三维布线技术就显得重要和必要了。协作单位可以根据线缆网明细表，清理出连接器（插头、插座），采用三维布线的方法建立数模，根据数模制作成形板，对线缆局部进行调整，绘制成合成的线缆网图。

三维电缆网的设计即在三维布线软件中绘制电缆网模型，并且表达各连接器点号（引脚）的对应关系。而三维线缆网的绘制，则只需把生产过程中不清楚的地方表达清楚，即对电缆网直接绘制者来说，只需弄清楚连接器连接之间的关系即可。由于引脚对应关系已经在明细表有体现，为了尽可能减少工作量，绘制者在有连接关系的连接器之间绘制一根电线即可。下面简单讲解一下电缆网的绘制流程。

（1）新建"线缆网.prt"文件，放置需要的连接器部件，根据实际需要调整部件位置。

（2）绘制样条曲线。根据明细表确定样条曲线的长度。

（3）新建简单的电线连接。线缆网较复杂，这里根据上面的分析，尽可能减少工作量，根据明细表定义必需的电线连接。

（4）自动布线。由于线缆网多线交叉，必要时可采用手动布线的方法，选取正确的走向路径。绘制的三维线缆网如图9-52所示。

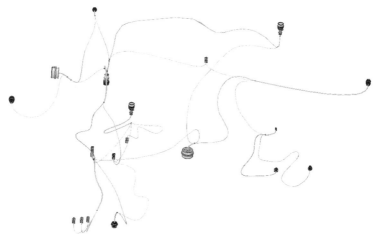

图9-52　绘制的三维线缆网

（5）创建成形板。由于线缆网较为复杂，需要绘制者充分利用成形板中的"分支定位"和"段成型"命令尽可能将线束展开，为工人生产制作提供参考和验收依据。图9-53所示为某线缆网的成形板。

（6）以成形板为基础，绘制二维图纸。将整理后的线缆网明细表融合到图纸中，增加技术要求等必需的图纸表达要素。

以上为三维线缆网绘制的参考流程。另外，值得一提的是，为了更加真实和快速地绘制线缆网模型，电气连接数据应在梳理后批量导入布线模块中。

虽然三维布线软件为绘制者提供了方便，节约了很多时间，但是线缆网的绘制本身是一项极为繁杂的工作，很容易出错，因此不管是使用传统方法还是三维布线方法，都要求绘制者对线缆网明细数据有一定的理解和处理能力。

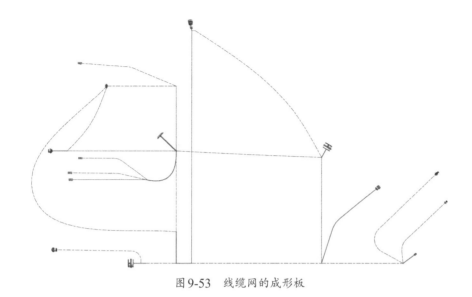

图9-53 线缆网的成形板

9.4 箱式设备布线

箱式设备是最常见的电子设备之一，本节将以"电源检测仪"为例，讲解箱式设备的布线流程。

（1）对"电源检测仪"中涉及的结构件和功能模块进行建模，并完成对所需部件的审核定义。

（2）新建模型文件，装配零件。这里的零件指机械结构零部件。模型装配如图9-54所示。

图9-54 模型装配

（3）激活布线模块。放置外围部件，即需要连接的设备、元器件和压线夹等，如图9-55所示。

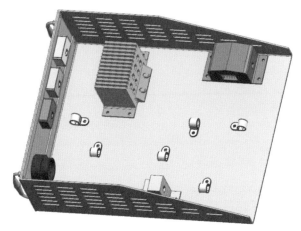

图9-55　放置外围部件

（4）新建线束组件，并将线束端头部件放置在线束组件中。图9-56所示为添加了端头部件后的模型。

图9-56　放置线束端头部件

（5）根据原理图或接线表绘制线束走向路径曲线，如图9-57所示。

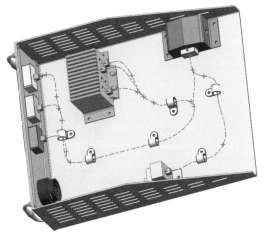

图9-57 绘制线束走向路径曲线

（6）根据原理图或接线表，建立电气连接数据或者直接导入连接数据。载入的电气连接数据如图9-58所示。

电气连接导航器						
Wire ID	From Dev	Conn	Pin	To Dev	Conn	Pin
工作部件						
WS01						
WS01-13 检测器	检测J3	3	电压表1	电压表1	3	
WS01-10 便携电源	电源OUT	12	电压表2	电压表2	3	
WS01-2 便携电源	电源OUT	2	转换器	转换IN	2	
WS01-3 便携电源	电源OUT	3	转换器	转换IN	3	
WS01-11 检测器	检测J3	1	电压表1	电压表1	1	
WS01-14 检测器	检测J3	4	电压表1	电压表1	4	
WS01-16 检测器	检测J8	2	电流表	电流表	5	
WS01-5 便携电源	电源OUT	7	检测器	检测J5	1	
WS01-17 检测器	检测J8	3	电流表	电流表	3	
WS01-12 检测器	检测J3	2	电压表1	电压表1	2	
WS01-18 检测器	检测J8	4	电流表	电流表	4	
WS01-7 便携电源	电源OUT	9	检测器	检测J5	3	
WS01-6 便携电源	电源OUT	8	检测器	检测J5	2	
WS01-4 便携电源	电源OUT	4	转换器	转换IN	4	
WS01-15 检测器	检测J8	1	电流表	电流表	1	
WS01-9 便携电源	电源OUT	11	电压表2	电压表2	1	
WS01-8 便携电源	电源OUT	10	检测器	检测J5	4	
WS01-1 便携电源	电源OUT	1	转换器	转换IN	1	

图9-58 建立电气连接数据

（7）指派电气组件。电气组件指派完成后如图9-59所示。

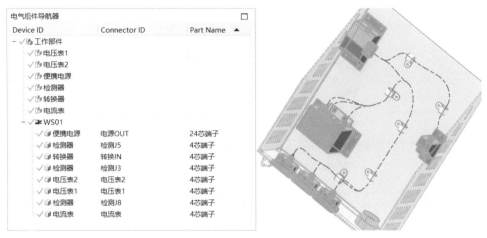

图9-59　指派电气组件

（8）管线布置。根据实际情况，选用合适的管线布置方法。管线布置完成后如图
9-60所示。

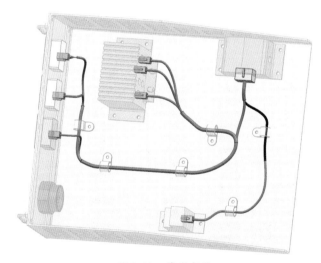

图9-60　管线布置

（9）创建成形板。参照图9-61，充分利用成形板中的"分支定位"和"段成型"
命令，尽可能将线束展开，为工人生产制作提供参考。

（10）绘制二维线缆图，并完善线缆明细表和技术要求等，如图9-62所示。

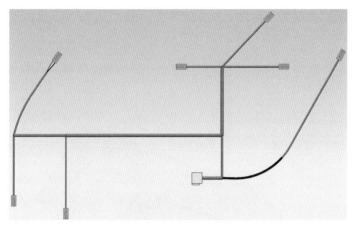

图 9-61　成形板

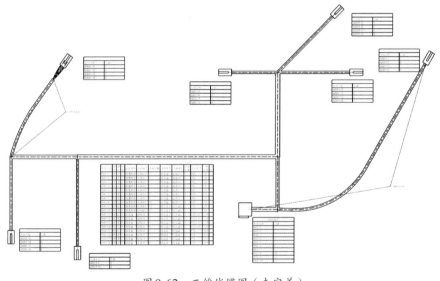

图 9-62　二维线缆图（未完善）

以上就是箱式设备布线的一般流程，具体操作流程请参考前面章节的相似内容。

9.5　柜式设备布线

柜式设备是最常见的电子系统设备之一，为了尽可能多地涉及知识点，这里以一个完整的三维模型（包含了所有的设备、连接器）——系统机柜为例，讲解布线技术。

（1）打开"系统机柜"模型，如图9-63所示。对模型参照接线图或原理图进行初步分析。

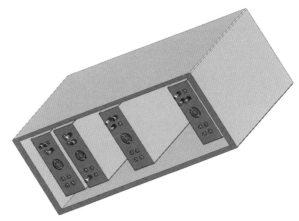

图9-63　系统机柜

（2）新建"线束"组件，并将连接器添加到该组件中。这里的连接器指电缆端头或插头。

（3）对外围的机箱设备端口和线束中的连接器进行审核定义，如图9-64所示。

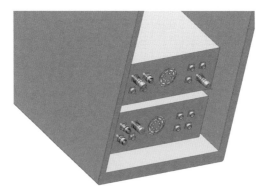

图9-64　审核定义端口和连接器

（4）将线束有关联的端口全部WAVE链接到"线束"组件中。

（5）根据原理图或接线表绘制线束走向路径曲线，如图9-65所示。

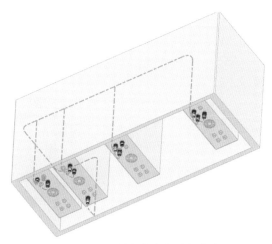

图9-65 绘制线束走向路径曲线

（6）根据原理图或接线表，建立电气连接数据或者直接导入连接数据。载入后的电气数据如图9-66所示。

Wire ID	From Device	From Conn	From Pin	To Device	To Conn	To Pin
电气连接导航器						□
– √ 🗂 工作部件						
– √ ⚡ 信号…						
⚡– X… 控制箱	KZ02	1	监测箱	JC05	2	
⚡– X… 控制箱	KZ02	3	监测箱	JC05	4	
⚡– X… 控制箱	KZ08	2	记录箱	JL05	3	
⚡– X… 监测箱	JC06	4	记录箱	JL06	4	
⚡– X… 控制箱	KZ02	2	监测箱	JC05	3	
⚡– X… 控制箱	KZ08	4	记录箱	JL05	1	
⚡– X… 控制箱	KZ08	3	记录箱	JL05	4	
⚡– X… 控制箱	KZ08	1	记录箱	JL05	2	
⚡– X… 监测箱	JC06	2	记录箱	JL06	2	
⚡– X… 控制箱	KZ02	4	监测箱	JC05	1	
⚡– X… 监测箱	JC06	1	记录箱	JL06	1	
⚡– X… 监测箱	JC06	3	记录箱	JL06	3	
– √ ⚡ 供电…						
⚡– G… 电源箱	DY02	1	监测箱	JC01	1	
⚡– G… 电源箱	DY05	4	记录箱	JL02	3	

图9-66 部分电气连接数据

（7）指派所有电气组件，如图9-67所示。

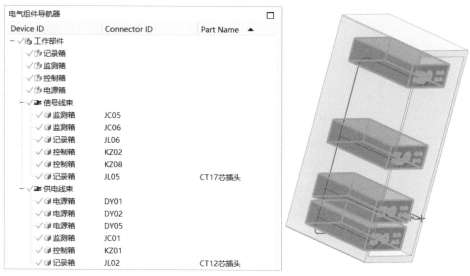

图 9-67 指派电气组件

（8）管线布置。根据实际情况，选用合适的管线布置方法。管线布置完成后如图 9-68 所示。

（9）创建成形板。充分利用成形板中的"分支定位"和"段成型"命令，尽可能将线束展开，为工人生产制作提供参考，图 9-69 所示的成形板可供参考。

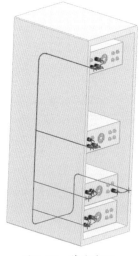

图 9-68 管线布置

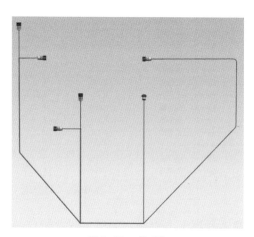

图 9-69 成形板

（10）绘制二维线缆图，并完善线缆明细表和技术要求等。

以上就是柜式设备布线的一般流程，具体操作方法请参考前面章节中的相似内容。

9.6 复杂系统布线

一个复杂的系统是由多个（类）箱式设备组成的，连接各设备的线缆一般错综复杂地相互交织成线缆网。线缆网的连接关系对系统至关重要，而其分支尺寸、走向、固定位置等因素对系统设计来说也是非常重要的，在很大程度上制约着系统外形甚至功能的设计水平。在工程设计时，特别是针对大型的复杂系统，从一开始设计就要考虑线缆的走向，单纯依据设计经验考虑线缆对设计的影响而事先预留线缆走向空间的思路已经不再满足现代复杂电气系统设计的需要了。鉴于此，系统总体设计与三维电气布线同步进行是最好的选择。

汽车是生活中最常见的机械电气复杂系统之一。本节将以汽车为例，简单讲解一下汽车三维电气布线的一些设计注意事项。

（1）线束设计人员在设计过程中应随时与总体、车身、底盘等设计科室联系，掌握底盘件、车身钣金件、内饰件和电器件布置的最新情况，便于及时调整三维线束，保证三维线束数据与车身、底盘的各个总成数据一致。

（2）设计过程中，需要设定线束扎带、固定卡扣和线束固定压板的安装孔位形式，协同相关部门进行开孔等方面的结构设计；若卡扣或护板的开孔位置或开孔类型变动，应及时协调相关部门做相应的修改调整。

（3）线束外径的模拟要以整车电线外径、电线数量和包扎方式为依据。所有线束与钣金和护板之间需要预留一定空隙，避免实际线束外径粗于模拟线束，出现无法穿线的现象。

（4）布置线束时，尽量按钣金件的形状顺流走线。在直径较粗处线束的模拟打弯半径要与线束实际装车时的半径基本保持一致，避免线束长度过长或过短的现象发生。

（5）布置线束时，线束要尽量被车身内饰件和附件遮掩，避免线束影响整车的美观性，且利于保护线束。

（6）线束分块要明确，线束间要避免出现不必要的二次转接现象，否则会增加导线长度和插接件数量，从而增加了线束的生产成本。

（7）线束的穿线空间和接插件或线束的固定空间要留有足够余量，必须满足在实际情况下穿线和插拔操作的方便性。

图9-70和图9-71所示为某汽车驾驶舱仪表盘的三维线束的布置情况。

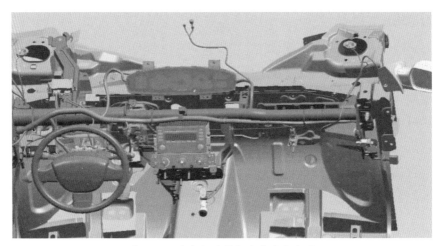

图9-70　汽车驾驶舱仪表盘线束布置

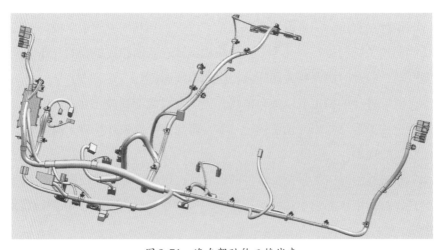

图9-71　汽车驾驶舱三维线束

在设计线束时除了考虑采用卡扣固定外，还需要针对具体位置设计相应的护板和护槽，如图9-72所示。护板和护槽的作用一是固定线束，二是避免线束发生磨损。

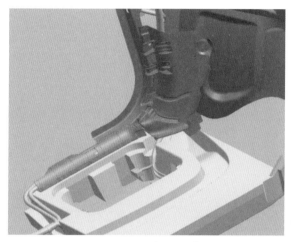

图9-72　护板和护槽

一些复杂的系统（比如新型军用飞机）包含若干个电子设备甚至子系统，在设计之初一般是根据总体原理设计，大致认定有哪些子系统或者有哪些设备，这些子系统和设备有些是成熟的货架产品，有些是已经研制成功的现成设备，还有很多是跟总体设计一起同步设计的全新设备。这些同步设计的设备有几种情形：有些设备还没有三维模型，总体设计上仅有一个大概的安装位置；有些设备仅有大致的外形和连接器朝向；有些设备与某个成熟设备的外形基本一致，需要从功能或性能上进行改进，以满足新系统的需要。为了尽可能缩短复杂系统设备的研制周期，三维电气布线工作应与总体设计一同开展。对于上述在设计之初不确定的设备，在三维布线时先建立一个大致的三维模型，待模型确定后再用"替换部件"命令进行替换即可。

9.7　小结

NX CAD布线模块针对工程实际有很多对应的功能（命令）设置，一般简单地使用某些功能命令就能满足工程实际的某种需要。在实际应用中，每个用户针对的工程情况不同，遇到的问题也不相同，提出的需求也是多种多样，这时候单纯通过简单常用的设置定义是不能立马解决问题的。NX CAD 三维布线技术只是一个技术手段，如何使得这门技术更好地为工程设计服务需要大量的经验积累。面对这样的情况，需要调整一下思路，构思一下怎么去解决这些问题。比如在9.2节中，通过测量可变形线缆的路径长度快速计算出实际所需的长度。

参考文献

[1] 刘小虎，吴兆华，吴银锋等.UG/WIRING在通信整机三维布线中的应用研究[J].沿海企业与科技，2005（7）：122-123.

[2] 许爱文.UG电气自动布线系统的二次开发[J]:[硕士学位论文].天津:河北工业大学，2012：1-3.

[3] 崔亮.UG Wiring在电子设备布线设计中的应用[J].机械工程师，2015（5）：88.

[4] 汽车设计网.汽车三维布线、二维线束图讲课稿[Z].

后记

经过两年半的筹备，本书终于面市了。由于NX CAD三维电气布线技术的可用参考资料极少，加上当初对三维布线技术一无所知，导致我在编写过程中几易其稿。本书的最终顺利出版，除了我本人花费了大量的业余时间去刻苦钻研三维布线技术外，还得到了很多人的支持与帮助，借此机会向他们表示衷心的感谢！

此外，我还要感谢我的家人。如果本书是我的一份荣耀的话，那么我要分一半给我的家人。我要特别感谢我的爱人姜维，每当我遇到难题一筹莫展时，她总是对我说"我相信你可以的"，这是我源源不断的动力。另外，感谢爸爸、妈妈、弟弟对我的精神鼓励。由于钻研布线技术，牺牲了大量的本可以陪伴孩子的时间，在此表示深深的歉意。

感谢西安仁德智融公司的刘鹏经理、杨斌老师和宋文卓老师对我关于NX CAD建模技术和三维布线技术的专业指导。感谢北京中际瑞通公司王启国总经理对本书出版的支持与帮助。感谢沐风网络科技有限公司（沐风机械网）的刘利青经理、侯欢经理对NX CAD三维布线技术和本书的推广与支持。感谢上海爱可生信息技术有限公司数据综合事业部副总裁万志刚先生对本书出版的关心和支持。

感谢航天火箭公司邹总、张总、王总、陈总、祝总和原总工程师刘总等领导对于三维布线技术的重视和指导。感谢研发中心领导徐主任、黄总师、冯总师、尹总师、何总师、张总师对三维布线技术的协调和推广。感谢研发中心同事彭老师（研究员）、余老师（高工）、熊老师（高工）、秦老师（高工）、李主任、黄主任、粟主任、陆主任、赵主任、肖主任、何老师（研究员）、卓老师（研究员）、樊老师（研究员）、于老师（高工）、杨老师（高工）、杜老师、王老师、梁老师、高老师、饶老师、汪老师、贾老师、李老师、陈老师、曹老师等同事对三维电气布线的指导与帮助。感谢技术处岳处、刘处和电装机加工艺室所有同事对三维布线技术和二维工程出图给出的建设性意见。感谢电装和机加中心王总、刘主任、李主任和蒋师傅（高技）等同事对我工作的支持与帮助。

感谢某无人机研究所魏总、刘总和徐主任在重要型号项目中大胆推广和使用 NX CAD 三维布线技术，让我得到了极好的锻炼，也为本书的技术积累奠定了基础。在这里还要感谢：航天一院的张老师（研究员）、王老师（高工），航天五院的李工（高工）、贾工（高工），航天九院的陈总、汪总、卜主任、毕工（高工）、刘工（高工）等兄弟研究院同事们的指导和帮助。

最后，特别感谢西门子工业软件全球副总裁兼大中华区董事总经理梁乃明先生百忙之中为本书撰写序言。感谢西门子公司高级顾问玄立青先生对三维技术的推广和对本书出版的支持。此外，书中引用了少量西门子官方教程的素材，在此向其表示感谢。